개념을 다지고
실력을 키우는

왕수학

기본편

대한민국 수학학력평가의 새로운 기준!!

KMA
한국수학학력평가

| **시험일자** **상반기** | 매년 6월 셋째주
　　　　　 하반기 | 매년 11월 셋째주

| **응시대상** 초등 1년 ~ 중등 3년 (미취학생 및 상급학년 응시 가능)

| **응시방법** KMA 홈페이지 접수 또는 각 지역별 학원접수처 방문 접수
성적우수자 특전 및 시상 내역 등 기타 자세한 사항은 KMA 홈페이지를 참조하세요.

홈페이지 바로가기
(www.kma-e.com)

▶ 본 평가는 100% 오프라인 평가입니다.

주최 | 한국수학학력평가연구원　　　주관 | ▼ (주)에듀왕

개념을 다지고
실력을 키우는

왕수학

기본편

2-2

▌왕수학의 특징

1. 왕수학 개념+연산 → 왕수학 기본 → 왕수학 실력 → 점프 왕수학 최상위 순으로 단계별·난이도별 학습이 가능합니다.

2. 개정교육과정 100% 반영하였습니다.

3. 기본 개념 정리와 개념을 익히는 기본문제를 수록하였습니다.

4. 문제 해결력을 키우는 다양한 창의사고력 문제를 수록하였습니다.

5. 논리력 향상을 위한 서술형 문제를 강화하였습니다.

STEP 4

실력팍팍

STEP 3

유형콕콕

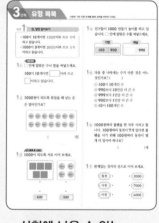

STEP 2

핵심쏙쏙

STEP 1

개념탄탄

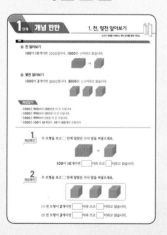

교과서 개념과 원리를 각각의 주제로 익히고 개념확인 문제를 풀어보면서 개념을 정확히 이해합니다.

기본 개념을 익힌 후 교과서와 익힘책 수준의 문제를 풀어보면서 개념을 다집니다.

시험에 나올 수 있는 문제를 유형별로 풀어 보면서 문제해결력을 키웁니다.

기본유형(유형콕콕)문제 보다 좀 더 높은 수준의 문제를 풀며 실력을 키웁니다.

STEP **8**

왕수학
실력

STEP **7**

탐구 수학

STEP **6**

놀이수학

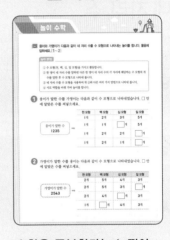

STEP **5**

서술 유형익히기

단원평가

단원의 주제와 관련된 탐구 활동과 문제해결력을 기르는 문제를 제시하여 학습한 내용을 좀더 다양하고 깊게 생각해 볼 수 있게 합니다.

수학을 공부한다는 느낌이 아니라 놀이처럼 즐기는 가운데 자연스럽게 수학 학습이 이루어지도록 합니다.

단원 평가를 통해 자신의 실력을 최종 점검합니다.

서술형 문제를 주어진 풀이 과정을 완성하여 해결하고 유사문제를 통해 스스로 연습합니다.

차례 | Contents

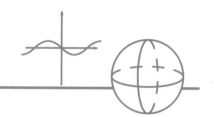

단원 1 네 자리 수

이번에 배울 내용

1 천, 몇천 알아보기

2 네 자리 수 알아보기

3 각 자리의 숫자가 나타내는 값 알아보기

4 뛰어 세기

5 수의 크기 비교하기

< 이전에 배운 내용

- 세 자리 수 알아보기
- 세 자리 수 뛰어 세기와 크기 비교하기

> 다음에 배울 내용

- 큰 수 알아보기
- 큰 수의 뛰어 세기와 크기 비교하기

1. 천, 몇천 알아보기

천 알아보기

100이 **10**개이면 **1000**입니다. **1000**은 천이라고 읽습니다.

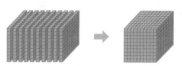

몇천 알아보기

1000이 **3**개이면 **3000**입니다. **3000**은 삼천이라고 읽습니다.

개념잡기

· **1000**은 **900**보다 **100**만큼 더 큰 수입니다.
· **1000**은 **990**보다 **10**만큼 더 큰 수입니다.
· **1000**은 **999**보다 **1**만큼 더 큰 수입니다.
· **1000**은 **100**이 **10**개인수, **10**이 **100**개인 수입니다.

---

1 개념확인

수 모형을 보고 ☐ 안에 알맞은 수나 말을 써넣으세요.

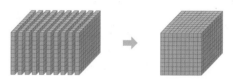

100이 **10**개이면 ☐ 이라 쓰고 ☐ 이라고 읽습니다.

2 개념확인

수 모형을 보고 ☐ 안에 알맞은 수나 말을 써넣으세요.

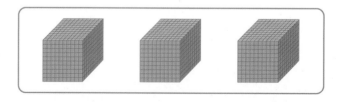

(1) 천 모형이 **2**개이면 ☐ 이라 쓰고 ☐ 이라고 읽습니다.

(2) 천 모형이 **3**개이면 ☐ 이라 쓰고 ☐ 이라고 읽습니다.

기본 문제를 통해 교과서 개념을 다져요.

단원 1

1 수직선을 보고 □ 안에 알맞은 수를 써넣으세요.

600 700 800 900 □

900보다 100만큼 더 큰 수는 □ 입니다.

2 그림을 보고 □ 안에 알맞은 수를 써넣으세요.

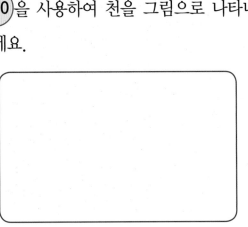

800보다 □ 만큼 더 큰 수는 1000 입니다.

3 □ 안에 알맞은 수를 써넣으세요.

(1) 990보다 10만큼 더 큰 수는 □ 입니다.

(2) 999보다 1만큼 더 큰 수는 □ 입니다.

4 ⑩을 사용하여 천을 그림으로 나타내 보세요.

5 수 모형을 보고 □ 안에 알맞은 수나 말을 써넣으세요.

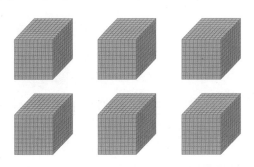

1000이 6개이면 □ 이라 쓰고 □ 이라고 읽습니다.

6 4000만큼 색칠해 보세요.

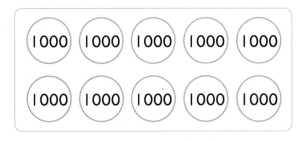

7 알맞은 수를 쓰고 읽어 보세요.

쓰기 (   )
읽기 (   )

1. 네 자리 수 ◆ **7**

2. 네 자리 수 알아보기

교과서 개념을 이해하고 확인 문제를 통해 익혀요.

◌ 네 자리 수 알아보기

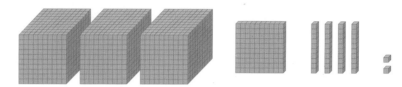

- 1000이 **3**개, 100이 **1**개, 10이 **4**개, 1이 **2**개이면 **3142**입니다.
- **3142**는 삼천백사십이라고 읽습니다.

개념잡기

- 자리의 숫자가 **0**이면 숫자와 자릿값을 읽지 않습니다.
  예 **4075** ➡ 사천칠십오
- 자리의 숫자가 **1**인 경우에는 일천, 일백, 일십으로 읽지 않고 천, 백, 십으로 읽습니다.
  예 **5193** ➡ 오천백구십삼

1
개념확인

수 모형을 보고 □ 안에 알맞은 수나 말을 써넣으세요.

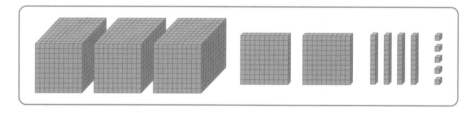

1000이 **3**개, 100이 **2**개, 10이 **4**개, 1이 **5**개이면 ☐ 라 쓰고

☐ 라고 읽습니다.

2
개념확인

그림을 보고 □ 안에 알맞은 수를 써넣으세요.

1000원짜리 지폐가 **2**장, 100원짜리 동전이 ☐ 개, 10원짜리 동전이 **8**개이면 ☐ 원입니다.

기본 문제를 통해 교과서 개념을 다져요.

1 수를 읽어 보세요.

(1) **6423** ➡ (   )

(2) **7579** ➡ (   )

2 수로 나타내 보세요.

(1) 사천육십   ➡ (   )

(2) 오천구백사 ➡ (   )

3 □ 안에 알맞은 수를 써넣으세요.

5746은
- 1000이 □ 개
- 100이 □ 개
- 10이 □ 개
- 1이 □ 개

4 □ 안에 알맞은 수를 써넣으세요.

1000이 **6**개
100이 **4**개
10이 **5**개
1이 **3**개
이면 □

5 나타내는 수를 쓰고 읽어 보세요.

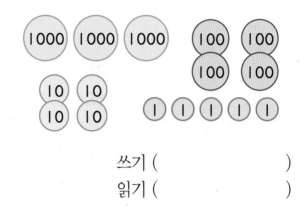

쓰기 (   )

읽기 (   )

6 1000이 **2**개, 100이 **7**개, 10이 **3**개, 1이 **5**개인 수를 쓰고 읽어 보세요.

쓰기 (   )

읽기 (   )

7 1000, 100, 10, 1을 사용하여 **2341**을 그림으로 나타내 보세요.

1단계 개념 탄탄
3. 각 자리의 숫자가 나타내는 값 알아보기
교과서 개념을 이해하고 확인 문제를 통해 익혀요.

자릿값 알아보기

3516에서
3은 천의 자리 숫자이고 **3000**을,
5는 백의 자리 숫자이고 **500**을,
1은 십의 자리 숫자이고 **10**을,
6은 일의 자리 숫자이고 **6**을 각각
나타냅니다.

➡ **3516＝3000＋500＋10＋6**

천의 자리	백의 자리	십의 자리	일의 자리
3	5	1	6

3	0	0	0
	5	0	0
		1	0
			6

개념잡기

• 숫자가 같아도 자리에 따라 나타내는 값이 다릅니다.
  예 **6927** ➡ **6000**, **5167** ➡ **60**

---

1 개념확인

수와 수 모형을 보고 □ 안에 알맞은 수를 써넣으세요.

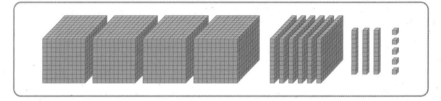

4635

(1) 천의 자리 숫자 **4**는 □ 을 나타냅니다.

(2) 백의 자리 숫자 **6**은 □ 을 나타냅니다.

(3) 십의 자리 숫자 **3**은 □ 을 나타냅니다.

(4) 일의 자리 숫자 **5**는 □ 를 나타냅니다.

2 개념확인

9543에서 각 숫자가 나타내는 값을 알아보려고 합니다. □ 안에 알맞은 수나 말을 써넣으세요.

(1) **9**는 천의 자리 숫자이고 □ 을 나타냅니다.

(2) **5**는 백의 자리 숫자이고 □ 을 나타냅니다.

(3) **4**는 십의 자리 숫자이고 □ 을 나타냅니다.

(4) **3**은 일의 자리 숫자이고 □ 을 나타냅니다.

기본 문제를 통해 교과서 개념을 다져요.

1 □ 안에 알맞은 수를 써넣으세요.

(1) **1567**에서 백의 자리 숫자는 □이
고 □을 나타냅니다.

(2) **2970**에서 십의 자리 숫자는 □이
고 □을 나타냅니다.

2 십의 자리 숫자가 **6**인 수에 ○ 하세요.

6459	4653
9016	3562

3 숫자 **8**이 **800**을 나타내는 수는 어느 것
인지 찾아 ○ 하세요.

5843	8972	2408

4 숫자 **3**이 나타내는 값은 얼마인지 써 보
세요.

(1) **3675** ➡ ( )

(2) **5931** ➡ ( )

(3) **1357** ➡ ( )

(4) **4983** ➡ ( )

5 백의 자리 숫자가 나타내는 값이 더 큰 수
를 찾아 기호를 쓰세요.

㉠ **2397**	㉡ **9248**

( )

6 숫자 **9**가 나타내는 값이 가장 큰 수를 찾
아 써 보세요.

1879	9163
4092	5984

( )

7 보기와 같이 덧셈식으로 나타내 보세요.

보기
$3275 = 3000 + 200 + 70 + 5$

4987
= □ + □ + □ + □

8 천의 자리 숫자가 **6**, 백의 자리 숫자가
1, 십의 자리 숫자가 **2**, 일의 자리 숫자
가 **7**인 수를 써 보세요.

( )

유형 **1** 천, 몇천 알아보기

- **100**이 **10**개이면 **1000**이라 쓰고 천이라고 읽습니다.
- **1000**이 **3**개이면 **3000**이라 쓰고 삼천이라고 읽습니다.

대표유형

1-1 □ 안에 알맞은 수나 말을 써넣으세요.

100이 **10**개이면 □이라 쓰고 □이라고 읽습니다.

1-2 **1000**원이 되도록 묶었을 때 남는 돈은 얼마인가요?

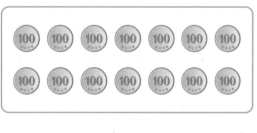

( )원

시험에 잘 나와요

1-3 **1000**이 되도록 서로 이어 보세요.

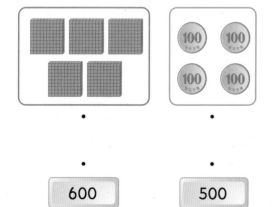

600   500

1-4 친구들이 **1000** 만들기 놀이를 하고 있습니다. □ 안에 알맞은 수를 써넣으세요.

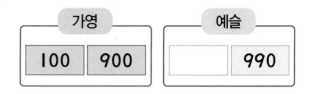

가영		예슬	
100	900		990

1-5 다음 중 나타내는 수가 다른 것은 어느 것인가요? ( )

① **100**이 **10**개인 수
② **990**보다 **10**만큼 더 큰 수
③ **999**보다 **1**만큼 더 큰 수
④ **900**보다 **1**만큼 더 큰 수
⑤ **10**이 **100**개인 수

1-6 **1000**원짜리 볼펜을 한 자루 사려고 합니다. **100**원짜리 동전이 **7**개 있다면 볼펜을 사기 위해 **100**원짜리 동전이 몇 개 더 있어야 하나요?

( )개

1-7 관계있는 것끼리 선으로 이어 보세요.

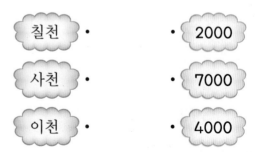

칠천	·	·	2000
사천	·	·	7000
이천	·	·	4000

1-8 수를 읽어 보세요.

(1) **3000** ➡ (   )

(2) **6000** ➡ (   )

1-9 □ 안에 알맞은 수를 써넣으세요.

(1) **5000**은 **1000**이 □개인 수입니다.

(2) **1000**원짜리 지폐 **9**장은 □원 입니다.

(3) **1000**장씩 묶여 있는 종이 **6**묶음은 □장입니다.

1-10 초콜릿이 **4000**개 있습니다. 한 상자에 **1000**개씩 담으려면 필요한 상자는 모두 몇 개인가요?

(   )개

1-11 동민이는 자동 응답 전화로 한 통에 **1000**원씩 하는 이웃돕기 성금을 **7**번 냈습니다. 동민이가 낸 성금은 얼마인 가요?

(   )원

유형 2 **네 자리 수 알아보기**

1000이 **5**개, **100**이 **4**개, **10**이 **8**개, **1**이 **2**개이면 **5482**라 쓰고 오천사백팔십이라 고 읽습니다.

2-1 모두 얼마인지 써 보세요.

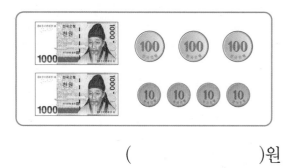

(   )원

대표유형

2-2 □ 안에 알맞은 수를 써넣으세요.

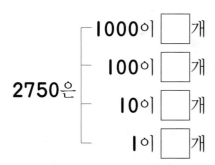

2750은
┌ **1000**이 □개
├ **100**이 □개
├ **10**이 □개
└ **1**이 □개

2-3 □ 안에 알맞은 수를 써넣으세요.

(1) **1000**이 **6**개, **100**이 **7**개, **10**이 **8**개, **1**이 **3**개이면 □입니다.

(2) **1000**이 □개, **100**이 **1**개, **10**이 □개, **1**이 **6**개이면 **7106**입니다.

2-4 5408을 바르게 읽은 사람은 누구인가요?

> 영수 : 오천사백팔
> 동민 : 오천사십팔

( )

2-5 수를 쓰고 읽어 보세요.

(1) 1000이 8개, 100이 2개, 10이 9개, 1이 3개인 수

쓰기 ( )

읽기 ( )

(2) 1000이 6개, 100이 5개, 10이 1개, 1이 7개인 수

쓰기 ( )

읽기 ( )

잘 틀려요

2-6 수를 바르게 읽은 것을 찾아 ○ 안에 알맞은 기호를 써넣으세요.

8305   2072   6124

○   ○   ○

> ㉠ 이천칠십이   ㉡ 팔천사십오
> ㉢ 팔천삼백오   ㉣ 육천백이십사

시험에 잘 나와요

2-7 가영이는 빵을 사면서 1000원짜리 지폐 6장, 100원짜리 동전 7개를 냈습니다. 가영이가 산 빵은 얼마인가요?

( )원

2-8 주사위가 1000개씩 4상자, 100개씩 2봉지, 낱개로 6개 있습니다. 주사위는 모두 몇 개인가요?

( )개

유형 3 각 자리의 숫자가 나타내는 값 알아보기

수	천의 자리	백의 자리	십의 자리	일의 자리
3295	3	2	9	5

$$3295 = 3000 + 200 + 90 + 5$$

3-1 □ 안에 알맞은 수를 써넣으세요.

9104에서

천의 자리 숫자는 □

백의 자리 숫자는 □

십의 자리 숫자는 □

일의 자리 숫자는 □

3-2 천의 자리 숫자가 3, 백의 자리 숫자가 9, 십의 자리 숫자가 8, 일의 자리 숫자가 1인 수를 써 보세요.

( )

대표유형

3-3 □ 안에 알맞은 수를 써넣으세요.

8719

(1) 천의 자리 숫자 □은 □을 나타냅니다.

(2) 백의 자리 숫자 □은 □을 나타냅니다.

(3) 십의 자리 숫자 □은 □을 나타냅니다.

(4) 일의 자리 숫자 □는 □를 나타냅니다.

3-4 4086에서 숫자 8은 어느 자리 숫자이고, 얼마를 나타내는지 써 보세요.

( ), ( )

3-5 숫자 4가 나타내는 값을 써 보세요.

(1) 6439 ➡ ( )

(2) 1274 ➡ ( )

(3) 7248 ➡ ( )

(4) 4900 ➡ ( )

3-6 다음 중 숫자 7이 나타내는 값이 가장 큰 것은 어느 것입니까? ( )

① 3741   ② 1927   ③ 9372

④ 7064   ⑤ 8749

3-7 숫자 6이 600을 나타내는 수를 찾아 써 보세요.

6300   5161   2643   4206

( )

3-8 ㉠이 나타내는 값과 ㉡이 나타내는 값은 각각 얼마인가요?

8 3 9 9
　㉠ ㉡

㉠ ( )
㉡ ( )

3-9 숫자 3이 나타내는 값이 가장 큰 것에 ○, 가장 작은 것에 △ 하세요.

2351   4963
3692   8030

3-10 두 수에서 숫자 2가 나타내는 값의 합을 구해 보세요.

4524 3298

( )

뛰어 세기

- **1000**씩 뛰어 세기

  1000 — 2000 — 3000 — 4000 — 5000 — 6000 — 7000

  천의 자리 숫자가 1씩 커집니다.

- **100**씩 뛰어 세기

  9100 — 9200 — 9300 — 9400 — 9500 — 9600 — 9700

  백의 자리 숫자가 1씩 커집니다.

- **10**씩 뛰어 세기

  9910 — 9920 — 9930 — 9940 — 9950 — 9960 — 9970

  십의 자리 숫자가 1씩 커집니다.

- **1**씩 뛰어 세기

  9991 — 9992 — 9993 — 9994 — 9995 — 9996 — 9997

  일의 자리 숫자가 1씩 커집니다.

개념잡기

- **100**씩 뛰어 세기 할 때 백의 자리 숫자가 **9**이면 다음에 올 수는 천의 자리 숫자가 **1** 커지고 백의 자리 숫자는 **0**이 됩니다.

  (예) 2800 − 2900 − 3000

개념확인 1 빈 곳에 알맞은 수를 써넣으세요.

(1) **1000**씩 뛰어 세어 보세요.

4000 — 5000 — 6000 — ☐ — ☐ — 9000

(2) **100**씩 뛰어 세어 보세요.

5200 — 5300 — 5400 — ☐ — ☐ — 5700

(3) **10**씩 뛰어 세어 보세요.

4630 — 4640 — ☐ — ☐ — 4670 — 4680

기본 문제를 통해 교과서 개념을 다져요.

1 뛰어 세어 빈 곳에 알맞은 수를 써넣으세요.

| 3710 | 3711 | 3712 |
| | | 3715 |

2 뛰어 세는 규칙에 맞게 □ 안에 알맞은 수를 써넣으세요.

(1)
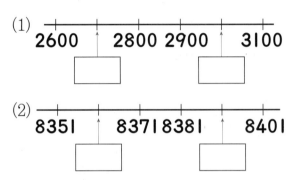
2600 2800 2900 3100

(2)
8351 8371 8381 8401

3 뛰어 세는 규칙에 맞게 빈 곳에 알맞은 수를 써넣으세요.

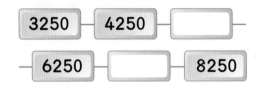

| 3250 | 4250 | |
| 6250 | | 8250 |

4 뛰어 세는 규칙에 맞게 ㉠에 알맞은 수를 써 보세요.

| 4870 | 4880 | ㉠ | 4900 |

( )

5 보기의 규칙과 같은 방법으로 뛰어 세려고 합니다. 빈 곳에 알맞은 수를 써넣으세요.

보기
4210 - 4220 - 4230 - 4240

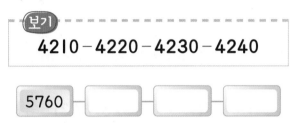

5760

6 몇씩 뛰어 세었나요?

(1)
2633-2634-2635-2636
-2637-2638-2639

( )씩

(2)
1765-1865-1965-2065
-2165-2265-2365

( )씩

7 다음 수에서 10씩 커지는 규칙으로 5번 뛰어 세면 얼마인가요?

7839

( )

↻ 수의 크기 비교하기

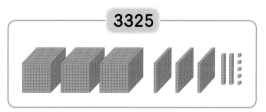 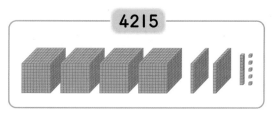

- 수 모형을 보고 **3325**와 **4215**의 크기를 비교해 보면 **3325**가 **4215**보다 작습니다.

$$3325 < 4215$$
$$3 < 4$$

- 네 자리 수의 크기를 비교할 때는 천의 자리 숫자의 크기를 먼저 비교하고, 천의 자리 숫자가 같으면 백의 자리, 십의 자리, 일의 자리의 순서로 숫자의 크기를 비교합니다.

예 **5430 > 5270** **3628 < 3652** **2785 > 2784**
    4 > 2   2 < 5   5 > 4

개념잡기

↻ 세 수의 크기 비교

- 주어진 네 자리 수 읽기
- 자릿값에 따라 수 써 보기
- 세 수의 크기 비교하기

---

1 개념확인

수 모형을 보고 두 수의 크기를 비교하여 ○ 안에 >, <를 알맞게 써넣으세요.

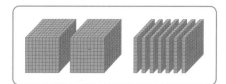 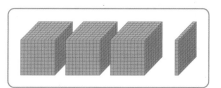

2700 ◯ 3100

2 개념확인

5793과 5785 중에서 어느 수가 더 큰지 비교해 보세요.

	천의 자리	백의 자리	십의 자리	일의 자리
5793 ➡	5	7	9	3
5785 ➡	5			5

5793 ◯ 5785

기본 문제를 통해 교과서 개념을 다져요.

1 수 모형을 보고 □ 안에 알맞은 수를 써넣으세요.

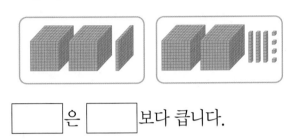

☐ 은 ☐ 보다 큽니다.

2 수 모형을 보고 두 수의 크기를 비교해 보세요.

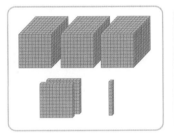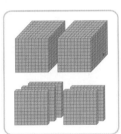

3210 ◯ 2500

3 수직선을 보고 두 수의 크기를 비교하여 ◯ 안에 >, <를 알맞게 써넣으세요.

(1)
8240 8250 8260 8270 8280 8290

8250 ◯ 8290

(2)
3693 3694 3695 3696 3697 3698

3697 ◯ 3694

4 ◯ 안에 >, =, <를 알맞게 써넣으세요.

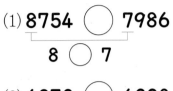
(1) 8754 ◯ 7986

8 ◯ 7

(2) 6273 ◯ 6320

2 ◯ 3

중요
5 ◯ 안에 >, =, <를 알맞게 써넣으세요.

(1) 5432 ◯ 8362

(2) 7298 ◯ 7261

6 가장 큰 수에 ◯, 가장 작은 수에 △ 하세요.

6871   6927   7212

7 숫자 카드를 한 번씩만 사용하여 가장 큰 수와 가장 작은 수를 만들어 보세요.

가장 큰 수 : (   )

가장 작은 수 : (   )

유형 **4** 뛰어 세기

- 1000, 100, 10, 1씩 뛰어 세면 천의 자리, 백의 자리, 십의 자리, 일의 자리 숫자가 각각 1씩 커집니다.
- 뛰어 세는 규칙을 찾을 때에는 어느 자리의 숫자가 몇씩 커지는지 알아봅니다.

〈대표유형〉

4-1 빈 곳에 알맞은 수를 써넣으세요.

(1) 1000씩 뛰어 세어 보세요.

| 3015 | | 5015 | |

| | | |

(2) 100씩 뛰어 세어 보세요.

| 8454 | | 8654 | |

| | | |

(3) 10씩 뛰어 세어 보세요.

(4) 1씩 뛰어 세어 보세요.

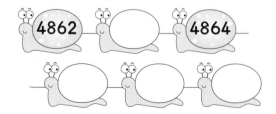

4-2 몇씩 뛰어 세었나요?

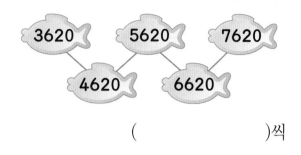

( )씩

〈시험에 잘 나와요〉

4-3 뛰어 세는 규칙에 맞게 빈 곳에 알맞은 수를 써넣으세요.

(1) 7252 — □ — 7254 — 7255

(2) □ — 2351 — 2361 — □

(3) 4739 — 5739 — □ — 7739

4-4 뛰어 세는 규칙에 맞게 ㉠에 알맞은 수를 쓰고 읽어 보세요.

5591 — 5691 — ㉠ — 5891

쓰기 ( )

읽기 ( )

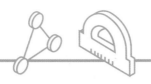

4-5 수 배열표를 보고 □ 안에 알맞은 수를 써넣으세요.

3500	3600	3700	3800→
4500	4600	4700	4800
5500	5600	5700	5800
6500	6600	6700	6800

→는 ☐ 씩 뛰어 센 것이고,

↓는 ☐ 씩 뛰어 센 것입니다.

4-6 뛰어 세는 규칙에 맞게 빈 곳에 알맞은 수를 써넣으세요.

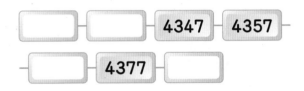

4-7 4550에서 100씩 3번 뛰어 센 수를 구해 보세요.

( )

🔔 잘 틀려요

4-8 동민이의 통장에는 3월 현재 3950원 이 저금되어 있습니다. 4월부터 8월까지 매달 1000원씩 저금한다면 모두 얼마가 되나요?

( )원

유형 **5** 수의 크기 비교하기

```
+-----+-----+-----+-----+
6870  6970  7070  7170  7270
```

6970 < 7170

네 자리 수의 크기를 비교할 때 천의 자리 숫자부터 차례로 크기를 비교합니다.

5-1 수직선을 보고 두 수의 크기를 비교하여 ○ 안에 >, <를 알맞게 써넣으세요.

```
+------+------+------+------+------+
7632  7633  7634  7635  7636  7637
```

7633 ◯ 7636

5-2 그림을 보고 ○ 안에 >, <를 알맞게 써넣으세요.

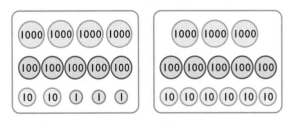

4523 ◯ 3560

◀ 대표유형

5-3 두 수의 크기를 비교하여 ○ 안에 >, <를 알맞게 써넣으세요.

⑴ 4935 ◯ 5076

⑵ 6281 ◯ 6253

5-4 두 수의 크기를 비교하려면 어느 자리 숫자의 크기를 비교해야 하는지 써 보세요.

(1) **6429, 6513**

➡ ( )

(2) **1875, 1877**

➡ ( )

5-5 ○ 안에 >, <를 알맞게 써넣으세요.

| 9421 ○ 구천사백삼십 |

5-6 더 큰 수를 말한 사람은 누구인지 찾아 이름을 써 보세요.

동민 : **1000**이 **3**개, **100**이 **2**개, **10** 이 **6**개, **1**이 **5**개인수
가영 : 삼천사백오십육

( )

5-7 가장 큰 수를 찾아 기호를 쓰세요.

| ㉠ **9011**   ㉡ **8943**   ㉢ **9107** |

( )

5-8 가장 작은 수부터 차례대로 기호를 쓰세요.

㉠ **1000**이 **7**개인 수

㉡ **1000**이 **6**개, **100**이 **5**개인 수

㉢ 천의 자리 숫자가 **6**, 백의 자리 숫자 가 **6**, 십의 자리 숫자가 **7**, 일의 자 리 숫자가 **1**인 수

( )

5-9 같은 걸음으로 쟀을 때 예슬이네 집에 서 학교까지의 거리와 도서관까지의 거 리 중 더 먼 곳은 어느 곳인가요?

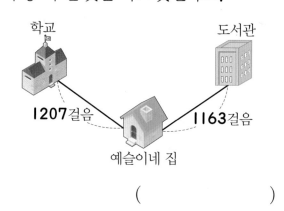

학교   도서관
1207걸음   1163걸음
예슬이네 집

( )

5-10 **0**부터 **9**까지의 숫자 중 □ 안에 들어 갈 수 있는 숫자를 모두 써 보세요.

| **2758<27□4** |

( )

1 문구점에서 한 상자에 1000개씩 들어 있는 클립 8상자를 샀습니다. 문구점에서 산 클립은 모두 몇 개인가요?

( )개

2 다음 중 나타내는 수가 나머지 넷과 다른 하나는 어느 것인가요? ( )

① 오천
② 6000보다 1000만큼 더 작은 수
③ 100이 50개인 수
④ 4000보다 1000만큼 더 큰 수
⑤ 100이 40개인 수

3 귤이 한 상자에 100개씩 들어 있습니다. 30상자에는 귤이 모두 몇 개 들어 있나요?

( )개

4 영수는 100원짜리 동전 6개와 10원짜리 동전 5개를 가지고 있습니다. 1000원이 되려면 얼마가 더 있어야 하나요?

( )원

5 1000이 8개, 100이 6개, 10이 6개, 1이 34개인 수를 쓰세요.

( )

6 지혜는 문구점에서 1000원짜리 공책 7권과 100원짜리 지우개 15개를 샀습니다. 지혜가 내야 할 돈은 모두 얼마인가요?

( )원

7 숫자 1이 나타내는 값이 가장 큰 수부터 차례대로 기호를 쓰세요.

> ㉠ 2189   ㉡ 3851
> ㉢ 1286   ㉣ 3617

(   )

8 밑줄 친 숫자들이 각각 나타내는 값의 합을 구하세요.

> 16세기에는 우주의 중심은 지구이고, 그 주위를 태양과 다른 별들이 돌고 있다고 믿었습니다. 그러나 1473년에 태어나서 1543년에 생애를 마친 폴란드 천문학자인 코페르니쿠스는 우주의 중심은 태양이고, 그 주위를 지구와 다른 별들이 돌고 있다고 주장하였습니다.

(   )

9 숫자 카드를 사용하여 만든 네 자리 수 중 숫자 7이 나타내는 값이 더 큰 사람이 이기는 놀이를 하였습니다. 영수는 8764, 석기는 7642를 만들었을 때, 이긴 사람은 누구인가요?

(   )

10 숫자 카드 4장을 모두 사용하여 네 자리 수를 만들려고 합니다. 만들 수 있는 네 자리 수 중 백의 자리 숫자가 6인 가장 큰 네 자리 수를 구해 보세요.

3   4   5   6

(   )

11 3108보다 크고 3114보다 작은 네 자리 수는 모두 몇 개인가요?

(   )개

12 6725부터 7225까지 규칙대로 늘어놓아 둔 수 카드가 바닥에 떨어졌습니다. 뒤집어진 카드에 알맞은 수를 써넣으세요.

7125

6725   6925

□   6825   7225

13 수 배열표를 보고 ㉠에 알맞은 수를 구하세요.

3248	3258	3268	3278	3288
3348	3358	3368	3378	3388
3448				
3548		㉠		

(   )

14 다음과 같이 뛰어 셀 때 **5750**과 **9750** 사이에 들어가는 수는 모두 몇 개인가요?

```
2750 — 3750 — 4750 —
— 5750 …… 9750
```

(   )개

15 뛰어 세는 규칙에 맞게 ㉠과 ㉡에 알맞은 수를 각각 구하세요.

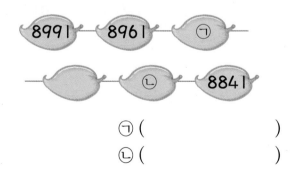

㉠ (   )
㉡ (   )

16 **5308**보다 **400** 큰 수는 얼마인가요?

(   )

17 어떤 네 자리 수에서 커지는 규칙에 따라 **100**씩 **5**번 뛰어 세어 보았더니 **6473**이 되었습니다. 어떤 네 자리 수는 얼마인가요?

(   )

18 다음 중 가장 큰 수는 어느 것인가요?

(   )

① 이천칠
② **3500**
③ **3000**보다 **10**만큼 더 큰 수
④ **100**이 **37**개인 수
⑤ **4000**보다 **100**만큼 더 작은 수

19 가장 큰 수부터 차례대로 기호를 쓰세요.

> ㉠ 5867 ㉡ 6127
> ㉢ 6548 ㉣ 5964

(   )

20 더 큰 수를 찾아 기호를 쓰세요.

> ㉠ 1000이 5개, 10이 83개인 수
> ㉡ 100이 57개, 10이 3개인 수

(   )

21 가 마을에서 수확한 사과의 수는 6895개, 나 마을에서 수확한 사과의 수는 6758개, 다 마을에서 수확한 사과의 수는 6915개입니다. 사과를 가장 많이 수확한 마을은 어느 마을인가요?

(   )마을

22 네 자리 수의 크기를 비교했습니다. 1부터 9까지의 숫자 중에서 □ 안에 들어갈 수 있는 숫자의 합을 구하세요.

> 7419 < □784

(   )

23 천의 자리 숫자가 3, 백의 자리 숫자가 6, 일의 자리 숫자가 7인 네 자리 수 중에서 3670보다 큰 수는 모두 몇 개인가요?

(   )개

24 3 , 6 , 0 , 9 4장의 수 카드를 모두 사용하여 만들 수 있는 네 자리 수 중 가장 큰 수와 가장 작은 수를 각각 구하세요.

가장 큰 수 (   )
가장 작은 수 (   )

유형 1

숫자 **8**이 나타내는 값이 더 큰 수를 찾아 기호를 쓰려고 합니다. 풀이 과정을 쓰고 답을 구하세요.

⊙ **4872**   ⓒ **6198**

풀이) **4872**에서 숫자 **8**이 나타내는 값은 ☐ 입니다.

6198에서 숫자 **8**이 나타내는 값은 ☐ 입니다.

따라서 숫자 **8**이 나타내는 값이 더 큰 수는 ☐ 입니다.

답 _____ ☐

예제 1

숫자 **6**이 나타내는 값이 더 큰 수를 찾아 기호를 쓰려고 합니다. 풀이 과정을 쓰고 답을 구하세요. [5점]

⊙ **9678**   ⓒ **6987**

설명)

_____

_____

_____

_____

답 _____

유형 2

동민이의 저금통에는 현재 **7650**원이 들어 있습니다. 앞으로 **5**일 동안 하루에 **100**원씩 저금한다면 모두 얼마가 되는지 풀이 과정을 쓰고 답을 구하세요.

풀이 **7650**에서 **100**씩 커지는 규칙으로 **5**번 뛰어 세면

7650-〇-**7850**-**7950**-〇-〇입니다.

따라서 앞으로 **5**일 동안 하루에 **100**원씩 저금하면 모두 〇원이 됩니다.

답 〇 원

예제 2

예슬이의 저금통에는 **2**월 현재 **2280**원이 들어 있습니다. **3**월부터 **9**월까지 매달 **1000**원씩 저금한다면 모두 얼마가 되는지 풀이 과정을 쓰고 답을 구하세요. [5점]

설명

_____

_____

_____

_____

답 _____ 원

👑 웅이와 가영이가 다음과 같이 네 자리 수를 수 모형으로 나타내는 놀이를 합니다. 물음에 답하세요. [1~2]

놀이 방법

① 수 모형(천, 백, 십, 일 모형)을 가지고 활동합니다.

② 한 명이 네 자리 수를 말하면 다른 한 명이 네 자리 수의 각 자리에 해당하는 수 모형의 개수를 말한 후 수 모형으로 나타내 봅니다.

③ 네 자리 수를 수 모형을 사용하여 위 ②와 다른 여러 가지 방법으로 나타내 봅니다.

④ 서로 역할을 바꿔 가며 놀이를 합니다.

1 웅이가 말한 수를 가영이는 다음과 같이 수 모형으로 나타내었습니다. □ 안에 알맞은 수를 써넣으세요.

웅이가 말한 수
1235
→

천 모형	백 모형	십 모형	일 모형
1개	2개	3개	5개
1개	1개	□개	5개
1개	2개	2개	□개
1개	2개	1개	□개

2 가영이가 말한 수를 웅이는 다음과 같이 수 모형으로 나타내었습니다. □ 안에 알맞은 수를 써넣으세요.

가영이가 말한 수
2543
→

천 모형	백 모형	십 모형	일 모형
2개	5개	4개	3개
2개	5개	3개	□개
2개	4개	□개	3개
1개	□개	4개	3개

1단원 단원 평가

1 그림을 보고 □ 안에 알맞은 수를 써넣으세요.
(3)점

600	700	800	900	□

900보다 100만큼 더 큰 수는 □ 입니다.

2 □ 안에 알맞은 수나 말을 써넣으세요.
(3)점

3000은 1000이 □ 개인 수이고 □ 이라고 읽습니다.

3 수를 읽어 보세요.
(3)점

5024

( )

4 수로 나타내 보세요.
(3)점
(1) 육천팔
➡ ( )
(2) 칠천구백구
➡ ( )

5 모두 얼마인가요?
(3)점

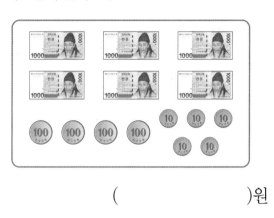

( )원

6 1000씩 뛰어 세어 보세요.
(3)점

4061 — 5061 — □ —

7061 — □ — □

7 수 모형을 보고 두 수의 크기를 비교하여
(4)점 ○ 안에 >, <를 알맞게 써넣으세요.

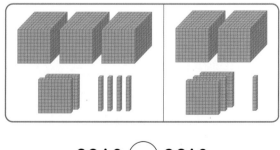

3240 ◯ 2310

8 천의 자리 숫자가 **9**, 백의 자리 숫자가
(4점) **0**, 십의 자리 숫자가 **5**, 일의 자리 숫자
가 **6**인 수를 써 보세요.

(   )

9 숫자 **5**가 나타내는 값이 가장 큰 것을
(4점) 찾아 기호를 쓰세요.

> ㉠ **2456**   ㉡ **7502**
> ㉢ **5629**   ㉣ **9605**

(   )

10 뛰어 세는 규칙에 맞게 빈 곳에 알맞은
(4점) 수를 써넣으세요.

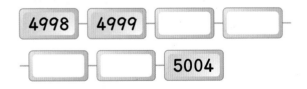

11 종이학이 한 상자에 **1000**개씩 들어 있
(4점) 습니다. **6**상자에는 모두 몇 개가 들어
있나요?

(   )개

12 두 수의 크기를 비교하여 ◯ 안에 >,
(4점) <를 알맞게 써넣으세요.

(1) **5900** ◯ **6200**

(2) **3940** ◯ **3952**

13 수의 크기 비교를 잘못 말한 사람은 누
(4점) 구인가요?

> 상연 : **4542**는 **5241**보다 작은 수야.
> 효근 : **2641**은 **2741**보다 작은 수야.
> 영수 : **7942**는 **7953**보다 큰 수야.

(   )

14 더 큰 수를 찾아 기호를 쓰세요.
(4점)

> ㉠ **6104**   ㉡ 육천십사

(   )

15 다음 중 나타내는 수가 나머지 넷과 (4점) 다른 하나는 어느 것인가요? (   )

① 8000보다 1000만큼 더 큰 수
② 1000이 9개인 수
③ 8999보다 1만큼 더 큰 수
④ 3000이 3개인 수
⑤ 3000보다 3만큼 더 큰 수

16 2365에서 10씩 커지는 규칙으로 4번 (4점) 뛰어 센 수를 구하세요.

(   )

17 가장 큰 수와 가장 작은 수를 각각 찾아 (4점) 쓰세요.

9631 2994 2999 9001

가장 큰 수 (   )
가장 작은 수 (   )

18 □ 안에 들어갈 수 있는 숫자를 모두 쓰 (4점) 세요.

746□ > 7467

(   )

19 지혜, 가영, 예슬이가 걷기 운동을 했습니 (4점) 다. 지혜는 1960걸음, 가영이는 2035 걸음, 예슬이는 1999걸음을 걸었습니 다. 가장 적게 걸은 사람은 누구인가요?

(   )

20 저금통에 4500원이 들어 있습니다. 앞 (5점) 으로 매일 300원씩 5일 동안 저금한다 면 저금통의 돈은 모두 얼마가 되나요?

(   )원

21 석기는 제과점에서 빵을 사면서 1000 (5점) 원짜리 지폐 5장, 100원짜리 동전 18 개를 냈습니다. 석기가 제과점에서 산 빵은 얼마인가요?

(   )원

22 숫자 **5**가 나타내는 값이 가장 큰 수를
⑤점 찾아 기호를 쓰려고 합니다. 풀이 과정
을 쓰고 답을 구하세요.

> ㉠ **4530**   ㉡ **6352**   ㉢ **5426**

풀이

답

24 더 큰 수를 말한 사람은 누구인지 풀이
⑤점 과정을 쓰고 답을 구하세요.

> 영수 : **1000**이 **3**개, **100**이 **7**개,
>   **10**이 **4**개, **1**이 **9**개인 수
> 상연 : **1000**이 **3**개, **100**이 **8**개,
>   **10**이 **5**개인 수

풀이

답

23 뛰어 세는 규칙에 맞게 ㉠, ㉡에 알맞은
⑤점 수를 각각 구하려고 합니다. 풀이 과정
을 쓰고 답을 구하세요.

> ㉠   **9019**   **9039**
> **9009**   ㉡

풀이

답

25 1, 6, 0, 8 4장의 수 카드를 모
⑤점 두 사용하여 만들 수 있는 네 자리 수 중
가장 큰 수와 가장 작은 수는 각각 얼마
인지 풀이 과정을 쓰고 답을 구하세요.

풀이

답

👑 다음과 같은 규칙으로 주사위의 눈이 나타내는 수를 표에서 찾아보고 물음에 답하세요.

[1~2]

> ・ ⚀, ⚁ 이 나타내는 수는 **1254**입니다.
>
> ・ ⚃, ⚄ 가 나타내는 수는 **3568**입니다.

	⚀	⚁	⚂	⚃	⚄	⚅
⚀	4750	3687	1254	6874	5689	3588
⚁	2468	5897	6987	8524	9654	1058
⚂	3658	7426	7621	4760	2407	3753
⚃	3876	2675	5970	7923	3568	1975
⚄	9058	7589	3587	1996	5558	7429
⚅	1234	3698	4125	5698	7536	8529

① 영수와 석기가 던져 나온 주사위의 눈이 나타내는 수를 표에서 각각 찾아보세요. 그런 다음 □ 안에 그 수를 써넣고 수의 크기를 비교해 보세요.

〈영수〉   〈석기〉

□ ○ □

② 민지와 진호가 던져 나온 주사위의 눈이 나타내는 수를 표에서 각각 찾아보세요. 그런 다음 그 수를 □ 안에 써넣고 숫자 **8**이 나타내는 값을 ○ 안에 써넣으세요.

〈민지〉   〈진호〉

□ ➡ ⬭   □ ➡ ⬭

생활 속의 수학

아버지의 생신 선물 준비

오늘은 동생 재원이와 함께 그동안 돼지저금통에 모았던 돈을 꺼내기로 한 날입니다. 왜냐하면, 이제 며칠 뒤면 아버지의 생신이기 때문입니다.

"재원아, 우리 돈을 제법 많이 모은 거 같아. 저금통 안에는 얼마의 돈이 들어 있을까?"

"응. 저번에 내가 100원짜리 동전을 넣은 기억도 있고, 또 설날에는 세뱃돈으로 받은 1000원짜리 지폐도 넣었던 기억이 나, 누나."

누나 수아는 돼지저금통의 배꼽을 열어 돈을 모두 꺼낸 다음, 종류대로 분류하기 시작했습니다.

"재원아, 혹시 100원짜리 동전 10개가 모이면 얼마가 되는지 알고 있니?"

"누나는 나를 바보로 안단 말이야. 100원짜리 동전이 10개이면 1000원이 되잖아. 다시 말해서, 100이 10개이면 1000이라 쓰고 천이라고 읽는단 말이야, 누나."

이번에는 수아가 1000원짜리 지폐를 모아 세기 시작했습니다.

"재원아, 1000원짜리 지폐가 9장 있는데 얼마라고 하면 좋을까?"

"1000원짜리 지폐가 9장이면 9000원이 되잖아. 다시 말해서, 1000이 9개이면 9000이라 쓰고 구천이라고 읽는단 말이야, 누나."

수아는 돈을 종류대로 다 분류한 다음, 재원이에게 돈이 모두 얼마인지 세어 보라고 말했습니다.

"재원아, 돈이 모두 얼마인지 정확하게 세어 볼래?"

"1000원짜리 지폐가 9장, 100원짜리 동전이 5개, 10원짜리 동전이 8개니까 모두 9580원이야, 누나."

"우리 재원이, 너무 잘하는 걸. 그럼 누나가 문제를 하나 내 볼테니 맞춰볼래?"

"좋아, 누나."

"3564에서 숫자 3이 나타내는 값은 얼마일까?"

"3000."

"그럼, 숫자 5와 6 그리고 숫자 4가 나타내는 값은 각각 얼마일까?"

"5는 500이고 6은 60이야. 그리고 4는 4야, 누나."

수아와 재원이는 아버지의 생신 선물을 사기 위해 근처에 있는 시장에 갔습니다. 마음 같아서는 좋은 옷을 선물하고 싶었지만 가지고 있는 돈이 9580원밖에 없었기 때문에 양말을 사드리기로 했습니다.

"누나, 어느 양말이 가장 비싸지?"

"8300원짜리 노란 양말의 천의 자리 숫자 7800원 8300원 7650원
8은 8000원을 나타내고, 다른 양말들의 천의 자리 숫자 7은 7000원을 나타내니까 노란 양말이 가장 비싸네."

"그다음은 어느 양말이 비싸?"

"빨간 양말이 7800원, 파란 양말이 7650원이니까 천의 자리 숫자는 같고, 빨간 양말의 백의 자리 숫자 8은 800원, 파란 양말의 백의 자리 숫자 6은 600원을 나타내니까 빨간 양말이 더 비싸네."

"노란 양말, 빨간 양말, 파란 양말 순으로 비싼 거 맞지, 누나?"

"그래, 재원아."

"누나, 그럼 우리 아버지께 노란 양말을 선물해 드리자."

"좋아."

남매는 즐거운 마음으로 노란 양말을 샀습니다. 아버지께서 생신 선물을 받으시고 몹시 행복해하실 모습을 생각하니 너무나도 기분이 좋았습니다.

8460과 8720 중 어느 수가 더 큽니까?

단원 **2** 곱셈구구

이번에 배울 내용

1. 2단, 5단 곱셈구구
2. 3단, 6단 곱셈구구
3. 4단, 8단 곱셈구구
4. 7단, 9단 곱셈구구
5. 1단 곱셈구구와 0의 곱
6. 곱셈표 만들기
7. 곱셈구구를 이용하여 문제 해결하기

 이전에 배운 내용
- 묶어 세기
- 몇의 몇 배

 다음에 배울 내용
- (두 자리 수)×(한 자리 수)

1단계 개념 탄탄

1. 2단, 5단 곱셈구구

교과서 개념을 이해하고 확인 문제를 통해 익혀요.

⌖ 2단 곱셈구구

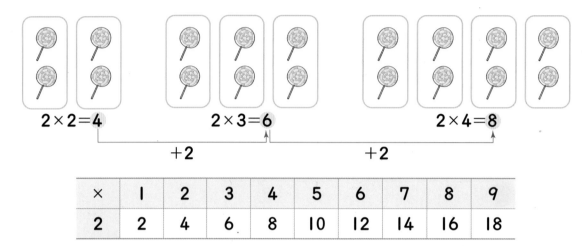

$$2 \times 2 = 4 \qquad 2 \times 3 = 6 \qquad 2 \times 4 = 8$$
$$+2 \qquad\qquad +2$$

×	1	2	3	4	5	6	7	8	9
2	2	4	6	8	10	12	14	16	18

2단 곱셈구구에서는 곱하는 수가 1씩 커지면 곱이 2씩 커집니다.

⌖ 5단 곱셈구구

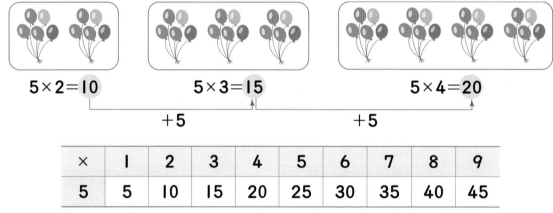

$$5 \times 2 = 10 \qquad 5 \times 3 = 15 \qquad 5 \times 4 = 20$$
$$+5 \qquad\qquad +5$$

×	1	2	3	4	5	6	7	8	9
5	5	10	15	20	25	30	35	40	45

5단 곱셈구구에서는 곱하는 수가 1씩 커지면 곱이 5씩 커집니다.

---

1 개념확인

그림을 보고 □ 안에 알맞은 수를 써넣으세요.

(1)

주머니 3개에 들어 있는 구슬은 모두 2 × □ = □ (개)입니다.

(2)

접시 2개에 놓여 있는 딸기는 모두 5 × □ = □ (개)입니다.

기본 문제를 통해 교과서 개념을 다져요.

👑 그림을 보고 □ 안에 알맞은 수를 써넣으세요. [1~2]

1

$$2+2+2+2+2=\boxed{}$$

➡ $2\times\boxed{}=\boxed{}$

2

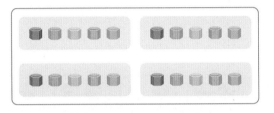

$$5+5+5+5=\boxed{}$$

➡ $5\times\boxed{}=\boxed{}$

⭐중요

3 □ 안에 알맞은 수를 써넣으세요.

(1) $2\times 8=\boxed{}$

(2) $2\times 9=\boxed{}$

(3) $5\times 3=\boxed{}$

(4) $5\times 7=\boxed{}$

4 2×6은 2×5보다 얼마나 더 큰가요?

(   )

5 □ 안에 알맞은 수를 써넣고 빈 곳에 ○를 그려 보세요.

$$2\times 4=\boxed{}$$

6 빈 곳에 알맞은 수를 써넣으세요.

(1)

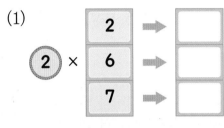

(2)

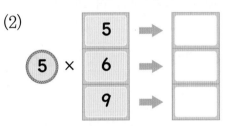

7 색종이가 5장씩 8묶음 있습니다. 색종이는 모두 몇 장인가요?

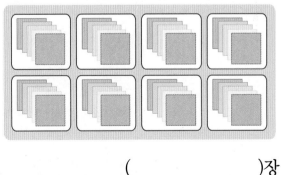

(   )장

교과서 개념을 이해하고 확인 문제를 통해 익혀요.

◉ 3단 곱셈구구

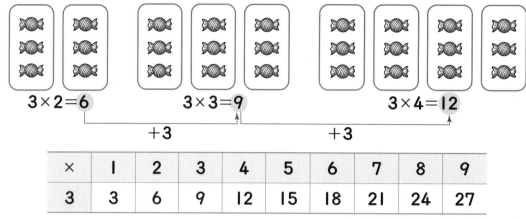

$3 \times 2 = 6$　　　$3 \times 3 = 9$　　　$3 \times 4 = 12$

+3　　　　　+3

×	1	2	3	4	5	6	7	8	9
3	3	6	9	12	15	18	21	24	27

3단 곱셈구구에서는 곱하는 수가 1씩 커지면 곱이 3씩 커집니다.

◉ 6단 곱셈구구

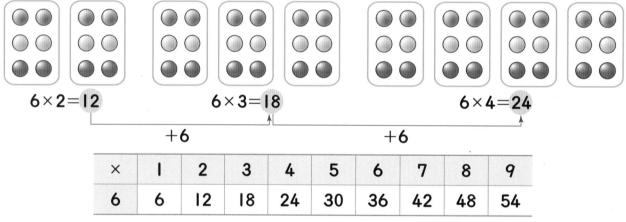

$6 \times 2 = 12$　　　$6 \times 3 = 18$　　　$6 \times 4 = 24$

+6　　　　　+6

×	1	2	3	4	5	6	7	8	9
6	6	12	18	24	30	36	42	48	54

6단 곱셈구구에서는 곱하는 수가 1씩 커지면 곱이 6씩 커집니다.

---

1 개념확인

그림을 보고 □ 안에 알맞은 수를 써넣으세요.

(1)

연필꽂이 **4**개에 꽂혀 있는 연필은 모두 **3** × □ = □ (자루)입니다.

(2)

나뭇가지 **6**개에 있는 나뭇잎은 모두 **6** × □ = □ (장)입니다.

기본 문제를 통해 교과서 개념을 다져요.

1 구슬이 모두 몇 개인지 곱셈식으로 나타내 보세요.

3 × □ = □

2 그림을 보고 □ 안에 알맞은 수를 써넣으세요.

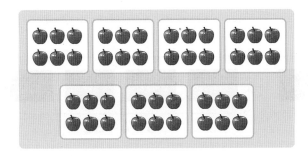

6 × □ = □

3 곱셈식을 수직선에 나타내고 □ 안에 알맞은 수를 써넣으세요.

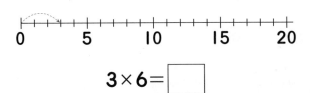

3 × 6 = □

4 □ 안에 알맞은 수를 써넣으세요.

3단 곱셈구구에서 곱하는 수가 1씩 커지면 그 곱은 □ 씩 커지고, 6단 곱셈구구에서 곱하는 수가 1씩 커지면 그 곱은 □ 씩 커집니다.

5 □ 안에 알맞은 수를 써넣으세요.

(1) 3 × 2 = □

(2) 3 × 9 = □

(3) 6 × 4 = □

(4) 6 × 8 = □

6 빈 곳에 알맞은 수를 써넣으세요.

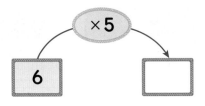

7 사탕이 18개 있습니다. □ 안에 알맞은 수를 써넣으세요.

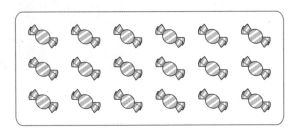

3 × □ = 18

6 × □ = 18

교과서 개념을 이해하고 확인 문제를 통해 익혀요.

⌾ 4단 곱셈구구

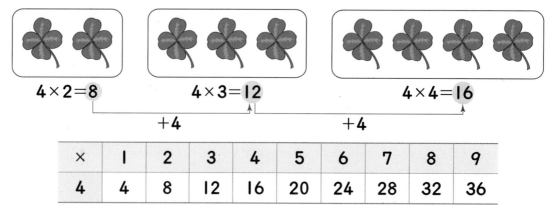

$4 \times 2 = 8$　　　　$4 \times 3 = 12$　　　　　$4 \times 4 = 16$

$+4$　　　　　　$+4$

×	1	2	3	4	5	6	7	8	9
4	4	8	12	16	20	24	28	32	36

4단 곱셈구구에서는 곱하는 수가 1씩 커지면 곱이 4씩 커집니다.

⌾ 8단 곱셈구구

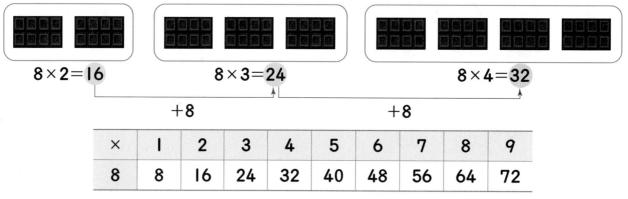

$8 \times 2 = 16$　　　　$8 \times 3 = 24$　　　　　$8 \times 4 = 32$

$+8$　　　　　　$+8$

×	1	2	3	4	5	6	7	8	9
8	8	16	24	32	40	48	56	64	72

8단 곱셈구구에서는 곱하는 수가 1씩 커지면 곱이 8씩 커집니다.

개념확인

그림을 보고 □ 안에 알맞은 수를 써넣으세요.

(1)

자동차 **4**대에 있는 바퀴는 모두 $4 \times \boxed{} = \boxed{}$(개)입니다.

(2)

문어 **5**마리의 다리는 모두 $8 \times \boxed{} = \boxed{}$(개)입니다.

❶ 사과는 모두 몇 개인지 곱셈식으로 나타 내 보세요.

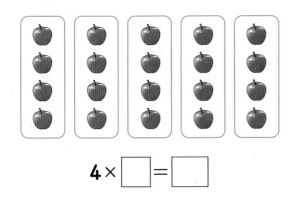

$$4 \times \boxed{} = \boxed{}$$

❷ 금붕어는 모두 몇 마리인지 곱셈식으로 나타내 보세요.

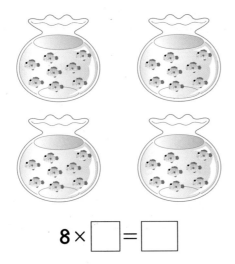

$$8 \times \boxed{} = \boxed{}$$

❸ 그림을 보고 □ 안에 알맞은 수를 써넣으 세요.

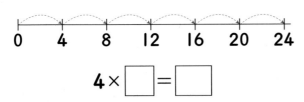

$$4 \times \boxed{} = \boxed{}$$

단원
2

❹ 4×4를 계산하는 방법을 설명한 것입니 다. □ 안에 알맞은 수를 써넣으세요.

(1) 4씩 $\boxed{}$ 번 더하는 방법으로 계산합 니다.

$$4 \times 4 = \boxed{} + \boxed{} + \boxed{} + \boxed{}$$
$$= \boxed{}$$

(2) 4×3의 곱에 $\boxed{}$ 를 더하는 방법으 로 계산합니다.

$$4 \times 3 = 12$$
$$4 \times 4 = \boxed{} \Big) + \boxed{}$$

※중요

❺ □ 안에 알맞은 수를 써넣으세요.

(1) $4 \times 3 = \boxed{}$

(2) $4 \times 8 = \boxed{}$

(3) $8 \times 3 = \boxed{}$

(4) $8 \times 5 = \boxed{}$

❻ 빈 곳에 알맞은 수를 써넣으세요.

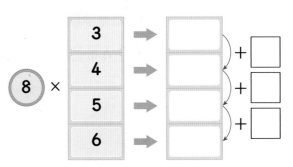

↻ 7단 곱셈구구

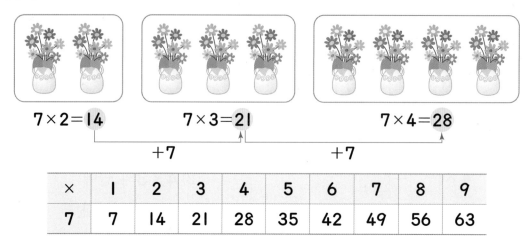

$7 \times 2 = 14$ $7 \times 3 = 21$ $7 \times 4 = 28$

×	1	2	3	4	5	6	7	8	9
7	7	14	21	28	35	42	49	56	63

7단 곱셈구구에서는 곱하는 수가 1씩 커지면 곱이 7씩 커집니다.

↻ 9단 곱셈구구

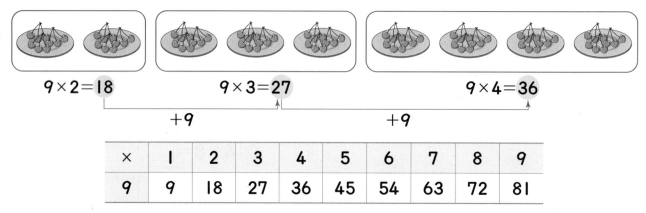

$9 \times 2 = 18$ $9 \times 3 = 27$ $9 \times 4 = 36$

×	1	2	3	4	5	6	7	8	9
9	9	18	27	36	45	54	63	72	81

9단 곱셈구구에서는 곱하는 수가 1씩 커지면 곱이 9씩 커집니다.

---

1 개념확인

그림을 보고 □ 안에 알맞은 수를 써넣으세요.

(1)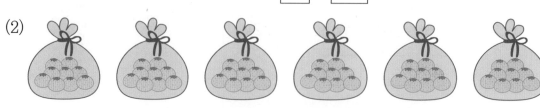

곶감 **4**묶음에 있는 곶감은 모두 $7 \times \boxed{} = \boxed{}$ (개)입니다.

(2)

봉지 **6**개에 들어 있는 귤은 모두 $9 \times \boxed{} = \boxed{}$ (개)입니다.

기본 문제를 통해 교과서 개념을 다져요.

1 사탕은 모두 몇 개인지 곱셈식으로 나타내 보세요.

$7 \times \boxed{} = \boxed{}$

2 구슬은 모두 몇 개인지 곱셈식으로 나타내 보세요.

$9 \times \boxed{} = \boxed{}$

3 □ 안에 알맞은 수를 써넣으세요.

(1) 7×4는 7×3보다 $\boxed{}$만큼 더 큽니다.

(2) 9×5는 9×4보다 $\boxed{}$만큼 더 큽니다.

4 □ 안에 알맞은 수를 써넣으세요.

(1) $7 \times 5 = \boxed{}$

(2) $7 \times 8 = \boxed{}$

(3) $9 \times 2 = \boxed{}$

(4) $9 \times 7 = \boxed{}$

5 □ 안에 알맞은 수를 써넣으세요.

$7 \Rightarrow \times 2 \Rightarrow \boxed{}$

6 막대의 길이는 모두 몇 cm인가요?

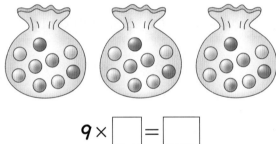

(   ) cm

7 9단 곱셈구구의 값을 찾아 선으로 이어 보세요.

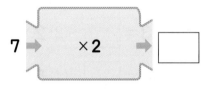

9×7 ·	· 27
9×3 ·	· 45
9×5 ·	· 63

유형 **1**   2단, 5단 곱셈구구

- **2**단 곱셈구구

$2 \times 1 = 2$ $2 \times 2 = 4$ $2 \times 3 = 6$
$2 \times 4 = 8$ $2 \times 5 = 10$ $2 \times 6 = 12$
$2 \times 7 = 14$ $2 \times 8 = 16$ $2 \times 9 = 18$

- **5**단 곱셈구구

$5 \times 1 = 5$ $5 \times 2 = 10$ $5 \times 3 = 15$
$5 \times 4 = 20$ $5 \times 5 = 25$ $5 \times 6 = 30$
$5 \times 7 = 35$ $5 \times 8 = 40$ $5 \times 9 = 45$

대표유형

1-1 □ 안에 알맞은 수를 써넣으세요.

(1) $2 \times 3 = $ □   (2) $2 \times 7 = $ □

(3) $5 \times 4 = $ □   (4) $5 \times 8 = $ □

1-2 그림을 보고 □ 안에 알맞은 수를 써넣으세요.

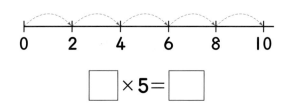

□ $\times 5 = $ □

시험에 잘 나와요

1-3 ○ 안에 >, <를 알맞게 써넣으세요.

(1) 2×9 ○ 5×3

(2) 2×7 ○ 5×5

1-4 5×5를 계산하는 방법을 설명한 것입니다. □ 안에 알맞은 수를 써넣으세요.

(1) 5씩 □ 번 더하는 방법으로 계산합니다.

5×5
$= $ □ $ + $ □ $ + $ □ $ + $ □ $ + $ □
$= $ □

(2) 5×4의 곱에 □ 를 더하는 방법으로 계산합니다.

$5 \times 4 = 20$
$5 \times 5 = $ □ $ + $ □

1-5 빈칸에 알맞은 수를 써넣으세요.

×	2	6	7	9
5	10			

1-6 다음 중 □ 안에 들어갈 수가 가장 큰 것은 어느 것인가요? (   )

① $2 \times $ □ $= 12$ ② □ $\times 2 = 10$
③ □ $\times 5 = 10$ ④ $5 \times $ □ $= 40$
⑤ $2 \times $ □ $= 18$

1-7 구멍이 **2**개인 단추가 있습니다. 단추 **8**개에 있는 구멍은 모두 몇 개인가요?

(   )개

유형 2 | 3단, 6단 곱셈구구

- 3단 곱셈구구

$3 \times 1 = 3$ $3 \times 2 = 6$ $3 \times 3 = 9$

$3 \times 4 = 12$ $3 \times 5 = 15$ $3 \times 6 = 18$

$3 \times 7 = 21$ $3 \times 8 = 24$ $3 \times 9 = 27$

- 6단 곱셈구구

$6 \times 1 = 6$ $6 \times 2 = 12$ $6 \times 3 = 18$

$6 \times 4 = 24$ $6 \times 5 = 30$ $6 \times 6 = 36$

$6 \times 7 = 42$ $6 \times 8 = 48$ $6 \times 9 = 54$

대표유형

2-1 빈 곳에 알맞은 수를 써넣으세요.

(1)

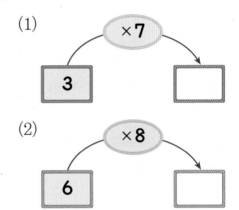

(2)

2-2 다음 중 잘못된 곱셈식은 어느 것인가요? (   )

① $3 \times 2 = 6$ ② $6 \times 3 = 18$

③ $3 \times 4 = 12$ ④ $6 \times 7 = 40$

⑤ $6 \times 9 = 54$

2-3 곱이 더 큰 쪽에 ○표 하세요.

3×5	6×2
( )	( )

2-4 6×4를 계산하는 방법을 설명한 것입니다. □ 안에 알맞은 수를 써넣으세요.

(1) 6씩 □번 더하는 방법으로 계산합니다.

$6 \times 4 = \Box + \Box + \Box + \Box$

$= \Box$

(2) 6×3의 곱에 □을 더하는 방법으로 계산합니다.

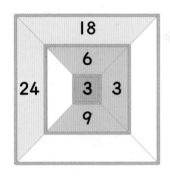

$6 \times 3 = 18$

$6 \times 4 = \Box \, + \Box$

시험에 잘 나와요

2-5 3단 곱셈구구를 이용하여 빈 곳에 알맞은 수를 써넣으세요.

```
        18
      6
  24    3    3
        9
```

2-6 그림과 같이 연필로 삼각형 모양을 만들었습니다. 삼각형 모양 7개를 만들기 위해 필요한 연필은 모두 몇 자루인가요?

(   )자루

유형 **3** 4단, 8단 곱셈구구

- **4**단 곱셈구구

$4 \times 1 = 4$　$4 \times 2 = 8$　$4 \times 3 = 12$

$4 \times 4 = 16$　$4 \times 5 = 20$　$4 \times 6 = 24$

$4 \times 7 = 28$　$4 \times 8 = 32$　$4 \times 9 = 36$

- **8**단 곱셈구구

$8 \times 1 = 8$　$8 \times 2 = 16$　$8 \times 3 = 24$

$8 \times 4 = 32$　$8 \times 5 = 40$　$8 \times 6 = 48$

$8 \times 7 = 56$　$8 \times 8 = 64$　$8 \times 9 = 72$

대표유형

3-1 그림을 보고 □ 안에 알맞은 수를 써넣으세요.

(1)
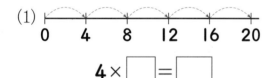

$4 \times \boxed{} = \boxed{}$

(2)
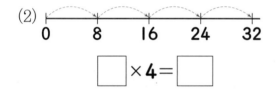

$\boxed{} \times 4 = \boxed{}$

3-2 빈 곳에 알맞은 수를 써넣으세요.

(1)
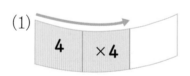

(2)
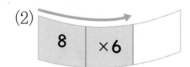

3-3 빈 곳에 알맞은 수를 써넣으세요.

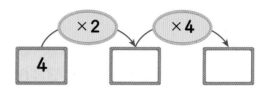

👑 그림을 보고 물음에 답하세요. [**3-4**～**3-5**]

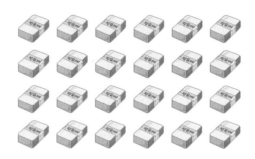

3-4 **4**단 곱셈구구를 이용하여 지우개의 수를 알아보세요.

$4 \times \boxed{} = \boxed{}$

3-5 **8**단 곱셈구구를 이용하여 지우개의 수를 알아보세요.

$8 \times \boxed{} = \boxed{}$

3-6 학생들이 한 줄에 **8**명씩 **8**줄로 앉아있습니다. 학생들은 모두 몇 명인가요?

(　　　　)명

유형 **4** 7단, 9단 곱셈구구

• 7단 곱셈구구
$7 \times 1 = 7$ $7 \times 2 = 14$ $7 \times 3 = 21$
$7 \times 4 = 28$ $7 \times 5 = 35$ $7 \times 6 = 42$
$7 \times 7 = 49$ $7 \times 8 = 56$ $7 \times 9 = 63$

• 9단 곱셈구구
$9 \times 1 = 9$ $9 \times 2 = 18$ $9 \times 3 = 27$
$9 \times 4 = 36$ $9 \times 5 = 45$ $9 \times 6 = 54$
$9 \times 7 = 63$ $9 \times 8 = 72$ $9 \times 9 = 81$

4-1 □ 안에 알맞은 수를 써넣으세요.

$7 \times 1 = 7$
$7 \times 2 = \boxed{}$ ⎫ +7
$7 \times 3 = \boxed{}$ ⎬ +$\boxed{}$
$7 \times 4 = \boxed{}$ ⎭ +$\boxed{}$

4-2 빈 곳에 알맞은 수를 써넣으세요.

(1)
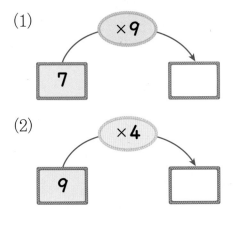

(2)

4-3 7단 곱셈구구를 이용하여 빈 곳에 알맞은 수를 써넣으세요.

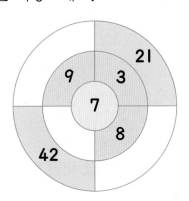

4-4 빈 곳에 알맞은 수를 써넣으세요.

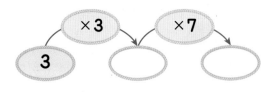

4-5 1부터 9까지의 수 중에서 □ 안에 들어갈 수 있는 수를 모두 써 보세요.

$$9 \times \boxed{} < 40$$

(   )

4-6 7명씩 앉을 수 있는 긴 의자가 5개 있습니다. 앉을 수 있는 사람은 모두 몇 명인가요?

(   )명

ⓒ 1단 곱셈구구

×	1	2	3	4	5	6	7	8	9
1	1	2	3	4	5	6	7	8	9

• 1단 곱셈구구에서는 곱이 1씩 커집니다.

• 1과 어떤 수의 곱은 항상 어떤 수이고, 어떤 수와 1의 곱도 항상 어떤 수입니다.

ⓒ 0과 어떤 수의 곱, 어떤 수와 0의 곱

×	1	2	3	4	5	6	7	8	9
0	0	0	0	0	0	0	0	0	0

곱이 모두 0입니다.

➡ 0과 어떤 수의 곱, 어떤 수와 0의 곱은 항상 0입니다.

개념잡기

• 1×(어떤 수)=(어떤 수), (어떤 수)×1=(어떤 수)

• 0×(어떤 수)=0, (어떤 수)×0=0

---

1 개념확인 케이크는 모두 몇 개인지 곱셈식으로 나타내 보세요.

$$1 \times \boxed{} = \boxed{}$$

2 개념확인 ☐ 안에 알맞은 수를 써넣으세요.

(1) 1×5= ☐

(2) 1×7= ☐

(3) 4×0= ☐

(4) 0×8= ☐

기본 문제를 통해 교과서 개념을 다져요.

1 바구니에 인형이 **1**개씩 들어 있습니다. 바구니 **5**개에 들어 있는 인형은 모두 몇 개인지 곱셈식으로 나타내 보세요.

$1 \times \boxed{} = \boxed{}$

2 □ 안에 알맞은 수를 써넣으세요.

(1) $1+1+1+1+1+1$
$= 1 \times \boxed{} = \boxed{}$

(2) $0+0+0+0+0+0+0$
$= 0 \times \boxed{} = \boxed{}$

3 빈 곳에 알맞은 수를 써넣으세요.

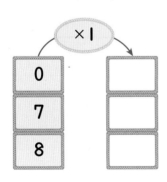

4 빈칸에 알맞은 수를 써넣으세요.

×	1	3	5	7	9
0	0		0		
1	1				9

5 동민이는 매일 우유를 한 잔씩 마십니다. 동민이가 **7**일 동안 마시는 우유는 모두 몇 잔인가요?

(   )잔

6 원판을 돌렸다가 멈추게 했을 때 ⬇가 가리키는 수만큼 점수를 얻는 놀이를 하였습니다. 영수가 원판을 **6**번 돌렸을 때 얻은 점수를 구하세요.

원판의 수	0	1	2
나온 횟수(번)	2	3	1
점수(점)			

(1) 위 표를 완성하세요.

(2) 영수가 얻은 점수는 모두 몇 점인가요?
(   )점

곱셈표 만들기

×	0	1	2	3	4	5	6	7	8	9
0	0	0	0	0	0	0	0	0	0	0
1	0	1	2	3	4	5	6	7	8	9
2	0	2	4	6	8	10	12	14	16	18
3	0	3	6	9	12	15	18	21	24	27
4	0	4	8	12	16	20	24	28	32	36
5	0	5	10	15	20	25	30	35	40	45
6	0	6	12	18	24	30	36	42	48	54
7	0	7	14	21	28	35	42	49	56	63
8	0	8	16	24	32	40	48	56	64	72
9	0	9	18	27	36	45	54	63	72	81

- ▨으로 칠한 곳에 있는 수들은 **2**씩 커지는 규칙이 있습니다. **2**단 곱셈구구에서는 곱이 **2**씩 커집니다.
- ▨으로 칠한 곳에 있는 수들은 **6**씩 커지는 규칙이 있습니다. **6**단 곱셈구구에서는 곱이 **6**씩 커집니다.
- 곱셈표를 점선을 따라 접었을 때 만나는 수들은 서로 같으므로 두 수의 순서를 바꾸어 곱해도 곱은 같습니다.
  예 $3 \times 7 = 21$, $7 \times 3 = 21$
  ➡ $3 \times 7 = 7 \times 3$

개념잡기

- ■단 곱셈구구에서는 곱이 ■씩 커집니다.
- 곱셈식에서 두 수의 순서를 바꾸어 곱해도 곱은 항상 같습니다. ➡ ▲ × ● = ● × ▲

---

1 개념확인

곱셈표를 보고 물음에 답하세요.

×	1	2	3	4	5	6	7	8	9
3	3	6	9	12					
4	4	8	12	16					
5	5	10	15	20					

(1) 표의 빈칸에 알맞은 수를 써넣으세요.

(2) ☐로 둘러싸여 있는 수들은 얼마씩 커집니까?

( )씩 커집니다.

(3) 5×3과 3×5의 곱을 비교해 보세요.

5×3 ◯ 3×5

기본 문제를 통해 교과서 개념을 다져요.

① 빈칸에 알맞은 수를 써넣어 곱셈표를 완성하세요.

×	2	3	4	5
2	4			
3		9		
4			16	
5				25

👑 곱셈표를 보고 물음에 답하세요. [2~4]

×	5	6	7	8	9
4	20	24			
5					
6			42		
7					63

② 위 곱셈표를 완성하세요.

③ 위 곱셈표에서 5×6과 곱이 같은 곱셈구구를 찾아 써 보세요.

( )

④ 위 곱셈표에서 6×7과 곱이 같은 곱셈구구를 찾아 써 보세요.

( )

👑 곱셈표를 보고 물음에 답하세요. [5~7]

×	1	2	3	4	5	6	7	8	9
1	1	2	3	4	5	6	7	8	9
2	2	4	6	8	10	12	14	16	18
3	3	6	9	12	15	18	21	24	27
4	4	8	12	16	20	24	28	32	36
5	5	10	15	20	25	30	35	40	45
6	6	12	18	24	30	36	42	48	54
7	7	14	21	28	35	42	49	56	63
8	8	16	24	32	40	48	56	64	72
9	9	18	27	36	45	54	63	72	81

⭐중요

⑤ ☐로 둘러싸여 있는 수들은 어떤 규칙이 있나요?

( )

⑥ 3씩 커지는 규칙이 있는 세로줄을 찾아 색칠해 보세요.

⑦ 곱셈표를 점선을 따라 접었을 때 ▨으로 칠한 칸과 만나는 곳에 ○ 하세요.

단원
2

교과서 개념을 이해하고 확인 문제를 통해 익혀요.

◯ 곱셈구구를 이용하여 문제 해결하기(1)

사과 상자가 다음과 같이 쌓여 있습니다. 쌓여 있는 사과 상자는 모두 몇 개인지 곱셈구구를 이용하여 알아보세요.

- 사과 상자가 **6**개씩 **4**층으로 쌓여 있습니다. ➡ $6 \times 4 = 24$
- 사과 상자가 **4**층으로 **6**개씩 쌓여 있습니다. ➡ $4 \times 6 = 24$

◯ 곱셈구구를 이용하여 문제 해결하기(2)

곱셈구구를 이용한 다양한 방법으로 귤의 개수를 구해 봅니다.

- **1** × **3**과 **3** × **4**를 더하면 모두 **15**개입니다.
- **4** × **4**에서 **1**을 빼면 모두 **15**개입니다.

---

1 개념확인

사탕은 모두 몇 개인지 곱셈구구를 이용하여 알아보세요.

$\square \times \square = \square$

2 개념확인

참외는 모두 몇 개인지 곱셈구구를 이용하여 알아보세요.

$\square \times \square = \square$

3 개념확인

밤은 모두 몇 개인지 곱셈구구를 이용하여 알아보세요.

$\square \times \square$과 $3 \times \square$을/를 더하면 모두 $\square$개입니다.

$\square \times 4$에서 **1**을 빼면 모두 $\square$개입니다.

❶ 한 송이에 바나나가 **4**개씩 있습니다. 바나나는 모두 몇 개인지 곱셈구구를 이용하여 알아보세요.

(1)

$$\boxed{} \times \boxed{} = \boxed{}$$

(2)
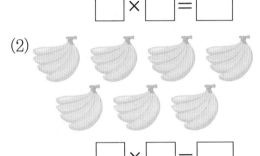

$$\boxed{} \times \boxed{} = \boxed{}$$

❷ 동수는 구슬을 **6**개 가지고 있습니다. 한별이는 동수의 **3**배만큼 구슬을 가지고 있을 때 한별이가 가지고 있는 구슬은 모두 몇 개인가요?

( )개

❸ 한 봉지에 사탕이 **8**개씩 들어 있습니다. **6**봉지에 들어 있는 사탕은 모두 몇 개인가요?

( )개

❹ 한 사람이 공깃돌을 **5**개씩 가지고 놀고 있습니다. **9**명의 친구들이 가지고 있는 공깃돌은 모두 몇 개인가요?

( )개

❺ 영수의 나이는 **9**살입니다. 영수 아버지는 영수 나이의 **4**배보다 **4**살이 많습니다. 영수 아버지의 나이는 몇 살인가요?

( )살

❻ 그림을 보고 곱셈구구를 이용하여 블록의 개수를 구할 수 있는 방법을 모두 골라 보세요. ( )

① $4 \times 2 + 3 \times 3$
② $4 \times 2 + 3 \times 4$
③ $5 \times 5 - 8$
④ $4 \times 5 - 8$
⑤ $3 \times 2 + 3 \times 3$

유형 **5** | 단 곱셈구구와 0의 곱

• 1단 곱셈구구

| × ■ = ■, ▲ × | = ▲

• 0과 ■의 곱, ▲와 0의 곱

0 × ■ = 0, ▲ × 0 = 0

5-1 빨대는 모두 몇 개인지 □ 안에 알맞은 수를 써넣으세요.

| × □ = □

5-2 빈 곳에 알맞은 수를 써넣으세요.

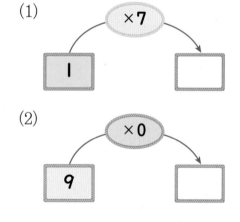

5-3 □ 안에 알맞은 수를 써넣으세요.

(1) | × 8 = □

(2) □ × 4 = 4

(3) 0 × 5 = □

(4) □ × 3 = 0

5-4 ○ 안에 >, <를 알맞게 써넣으세요.

0 × 8 ○ | × 6

5-5 다음 중 계산 결과가 나머지 넷과 다른 하나는 어느 것인가요? (   )

① 0 × 5   ② 5 × 0

③ 6 × 0   ④ 6 + 0

⑤ 0 + 0 + 0 + 0 + 0

5-6 0 × 7과 곱이 같은 것을 모두 찾아 ○ 하세요.

7 × 0 | × 3   9 × 0 | × 7

5-7 공 꺼내기 놀이에서 파란 공을 꺼내면 1점, 빨간 공을 꺼내면 0점을 얻습니다. 석기는 파란 공 2개, 빨간 공 3개를 꺼냈습니다. 석기가 얻은 점수는 모두 몇 점인가요?

(   )점

유형 6   곱셈표 만들기

×	1	2	3	4	5
1	1	2	3	4	5
2	2	4	6	8	10
3	3	6	9	12	15
4	4	8	12	16	20
5	5	10	15	20	25

• 곱셈표의 가로줄에 있는 3단 곱셈구구와 세로줄에 있는 3단 곱셈구구의 곱은 서로 같습니다.

• 같은 줄에 있는 수들은 일정한 수만큼 커집니다.

• 곱셈표에서 점선을 따라 접었을 때 만나는 수들은 서로 같으므로 두 수의 순서를 바꾸어 곱해도 곱은 같습니다.

➡ 3×4=4×3=12

6-1 곱셈표에서 ㉠과 ㉡에 알맞은 수를 각각 구하세요.

×	3	4	5	6
6		㉠		
7				㉡

㉠ (   ), ㉡ (   )

대표유형

6-2 곱셈표를 보고 물음에 답해 보세요.

×	1	2	3	4	5	6	7
1	1	2	3	4	5	6	7
2	2	4	6	8	10	㉠	14
3	3	6	9	12	15	18	21
4	4	8	12	16	20	24	28
5	5	10	15	20	25	30	35
6	6	㉡	18	24	30	36	42
7	7	14	21	28	35	42	49

(1) 곱이 4씩 커지는 곳을 모두 찾아 색칠해 보세요.

(2) □로 둘러싸여 있는 수들은 어떤 규칙이 있나요?

(   )

(3) 점선을 따라 접었을 때 ㉠과 ㉡은 서로 만납니다. ㉠과 ㉡에 들어갈 수를 각각 구하세요.

㉠ (   ), ㉡ (   )

6-3 그림을 보고 곱셈식을 만들어 보세요.

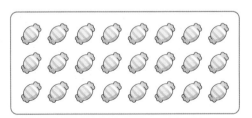

8 × □ = □ , □ × 8 = □

6-4 □ 안에 알맞은 수를 써넣으세요.

(1) $6 \times 7 = \boxed{} \times 6$

(2) $3 \times 5 = 5 \times \boxed{}$

6-5 보기와 같이 곱셈을 하세요.

보기

$$4 \times 8 \Rightarrow 8 \times 4 = 32$$

$7 \times 5 \Rightarrow$ _____

6-6 곱이 같은 것끼리 선으로 이어 보세요.

5×2 •   • 8×7

7×8 •   • 2×5

6×9 •   • 9×6

6-7 색종이가 7장씩 8묶음 있습니다. 이 색종이를 8장씩 묶으면 몇 묶음인가요?

(   )묶음

유형 **7**   곱셈구구를 이용하여 문제 해결하기

- 실생활 상황에서 곱셈구구를 이용하여 문제를 해결할 수 있습니다.
- 실생활에서 곱셈구구를 이용하여 그 개수를 구할 수 있는 다양한 방법을 알 수 있습니다.

7-1 농구는 한 팀에 5명의 선수가 있습니다. 8팀이 모여서 농구 경기를 한다면 선수는 모두 몇 명인가요?

(   )명

7-2 단추 구멍이 4개 있는 단추가 있습니다. 이 단추 6개에 있는 단추 구멍은 모두 몇 개인가요?

(   )개

7-3 그림을 보고 곱셈구구를 이용하여 계산할 수 있는 방법을 모두 골라 보세요.

(   )

① $4 \times 1 + 3 \times 3$

② 4×4

③ $3 \times 4 - 1$

④ $3 \times 4 + 1$

⑤ $4 \times 4 - 1$

1 보기와 같이 계산 결과에 맞도록 선으로 연결해 보세요.

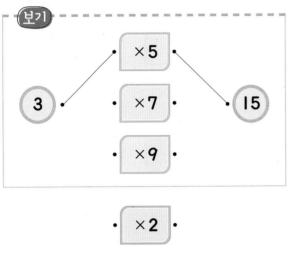

2 사과가 모두 몇 개인지 알아보는 방법으로 옳지 **않은** 것을 찾아 기호를 쓰세요.

㉠ **8**을 **3**번 더해서 구합니다.
㉡ **8**×**4**를 이용하여 구합니다.
㉢ **8**×**2**에 **8**을 더해서 구합니다.
㉣ **8**×**3**을 이용하여 구합니다.

(   )

3 일주일은 **7**일입니다. 신영이는 하루에 **2**시간씩 일주일 동안 자전거를 탔습니다. 신영이가 자전거를 탄 시간은 모두 몇 시간인가요?

(   )시간

4 한 봉지에 빨간색, 파란색, 노란색 구슬이 한 개씩 들어 있습니다. **8**봉지에 들어 있는 구슬은 모두 몇 개인가요?

(   )개

5 그림과 같이 수수깡으로 사각형 모양을 만들었습니다. 사각형 모양 **8**개를 만드는 데 필요한 수수깡은 모두 몇 개인가요?

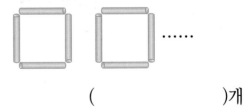

(   )개

6 영수와 지혜 중에서 가영이가 말한 곱보다 더 큰 곱을 말한 사람은 누구인가요?

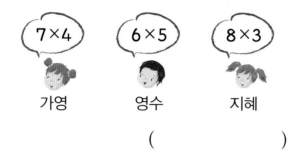

가영 7×4   영수 6×5   지혜 8×3

(   )

7 ■에 알맞은 수를 구하세요.

$$3 \times 0 = 7 \times ■$$

(   )

8 곱이 가장 큰 것을 찾아 기호를 쓰세요.

㉠ 9×3   ㉡ 7×7
㉢ 8×5   ㉣ 5×9

(   )

9 보기와 같이 숫자 카드를 한 번씩만 사용하여 □ 안에 알맞은 수를 써넣으세요.

보기

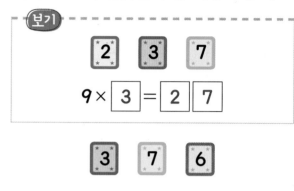

2   3   7

$$9 \times \boxed{3} = \boxed{2}\ \boxed{7}$$

3   7   6

$$9 \times \boxed{} = \boxed{}\ \boxed{}$$

10 □ 안에 알맞은 수를 써넣으세요.

$$4 \times ㉠ = 20 \qquad 4 \times ㉡ = 28$$

$$㉠ \times ㉡ = \boxed{}$$

11 세발자전거 7대와 네발자전거 5대가 있습니다. 바퀴는 모두 몇 개인가요?

(   )개

12 오리가 **8**마리, 소가 **5**마리 있습니다. 오리와 소의 다리는 모두 몇 개인가요?

( )개

13 곱셈표를 완성하고 곱이 **20**보다 큰 곳에 색칠해 보세요.

×	2	3	4	5	6
3					
4					
5					
6					

14 점선을 따라 접었을 때 ㉠, ㉡, ㉢과 각각 만나는 곳에 들어갈 수들의 합은 얼마인가요?

×	1	2	3	4	5	6	7	8	9
1									
2									
3								㉢	
4		㉠							
5									
6									
7			㉡						
8									
9									

( )

15 효근이가 다음과 같은 퀴즈를 냈습니다. 이 퀴즈의 정답을 구하세요.

이 수는 **20**보다 크고 **30**보다 작습니다. 이 수는 **9**단 곱셈구구의 곱입니다. 이 수는 얼마입니까?

( )

16 연결 모형의 수가 모두 몇 개인지 구해 보세요.

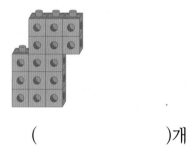

( )개

17 □ 안에 들어갈 수들을 모두 더하면 얼마인가요?

㉠ **9 × □ = 27**   ㉡ **4 × 0 = □**
㉢ **□ × 8 = 8**   ㉣ **□ × 5 = 30**

( )

18 영수는 사탕을 **6**개씩 **6**묶음 가지고 있습니다. 이 사탕을 다시 **5**개씩 **3**묶음과 **3**개씩 몇 묶음으로 나누었습니다. **3**개씩 몇 묶음으로 나누었나요?

( )묶음

19 색종이를 예슬이는 **3**장씩 **2**묶음 가지고 있고, 석기는 예슬이의 **4**배만큼 가지고 있습니다. 석기가 가지고 있는 색종이는 모두 몇 장인가요?

( )장

20 과일 가게에서 사과는 한 봉지에 **8**개씩, 참외는 한 봉지에 **6**개씩 담아서 팔고 있습니다. 아버지께서 사과 **4**봉지와 참외 **3**봉지를 사 오셨습니다. 아버지께서 사 오신 과일은 모두 몇 개인가요?

( )개

21 상연이가 다음과 같이 과녁을 맞혔습니다. 표를 완성하고 상연이는 모두 몇 점을 얻었는지 구하세요.

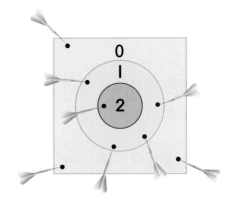

과녁	2점	1점	0점
맞힌 횟수(번)	1		
점수(점)	2		

( )점

22 곱셈구구를 이용하여 연결 모형의 수를 구하세요.

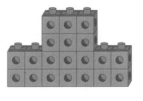

( )개

서술 유형 익히기

주어진 풀이 과정을 함께 해결하면서
서술형 문제의 해결 방법을 익혀요.

유형 1

곱셈표의 빈칸에 알맞은 수를 써넣고, ☐☐☐로 둘러싸여 있는 수들은 어떤 규칙이 있는지 설명해 보세요.

×	1	2	3	4	5	6	7	8	9
6	6	12	18	24	30	36	42	48	54
7	7	14	21	28	35				

풀이 ☐☐☐로 둘러싸여 있는 수들은 ☐ 단 곱셈구구입니다.

따라서 ☐ 씩 커지는 규칙이 있습니다.

예제 1

곱셈표의 빈칸에 알맞은 수를 써넣고, ☐☐☐로 둘러싸여 있는 수들은 어떤 규칙이 있는지 설명해 보세요. [4점]

×	1	2	3	4	5	6	7	8	9
8	8	16	24	32					
9	9	18	27	36	45	54	63	72	81

설명

_____

_____

_____

_____

유형 2

구슬이 모두 몇 개인지 **9**단 곱셈구구를 이용하여 **2**가지 방법으로 설명해 보세요.

풀이 **방법 1** 예 구슬이 **9**개씩 ☐ 묶음이므로 **9** × ☐ 를 이용하여 구합니다.

➡ **9** × ☐ = ☐

따라서 구슬은 모두 ☐ 개입니다.

방법 2 예 **9** × **2** 를 ☐ 번 더하는 방법으로 구합니다.

➡ **9** × **2** + **9** × **2** = ☐ + ☐ = ☐

따라서 구슬은 모두 ☐ 개입니다.

예제 2

사탕이 모두 몇 개인지 **8**단 곱셈구구를 이용하여 **2**가지 방법으로 설명해 보세요. [4점]

설명 **방법 1**

_____

_____

_____

방법 2

_____

_____

_____

지혜와 예슬이가 곱셈구구를 이용하여 곱셈 빙고 놀이를 하려고 합니다. 물음에 답하세요.

[1~3]

놀이 방법

〈준비물〉 **3** × **3**칸 빙고 판, 색연필

〈놀이 방법〉

① 빙고 판의 **9**개의 빈칸 중 원하는 곳에 **3**단 곱셈구구의 곱을 써넣습니다.

② 순서를 정하여 번갈아 가면서 **3**단 곱셈구구를 말하면 그 값을 찾아 색칠합니다.

③ 놀이를 반복하여 세 줄을 먼저 색칠하는 사람이 이깁니다.

18	24	21
27	15	6
9	12	3

(지혜)

18	15	6
3	9	24
21	12	27

(예슬)

1 지혜가 **3** × **7**을 말하면 어느 수가 적혀 있는 칸에 색칠해야 하나요?

( )

2 예슬이가 **3** × **4**를 말하면 어느 수가 적혀 있는 칸에 색칠해야 하나요?

( )

3 지혜와 예슬이가 말한 **3**단 곱셈구구가 다음과 같을 때 놀이에서 이긴 사람은 누구인가요?

지혜	3×7	3×5	3×2
예슬	3×4	3×3	3×1

( )

점수

1 그림을 보고 □ 안에 알맞은 수를 써넣
③점 으세요.

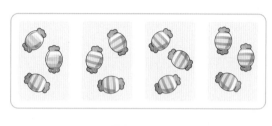

$$3 \times \boxed{} = \boxed{}$$

2 그림을 보고 □ 안에 알맞은 수를 써넣
③점 으세요.

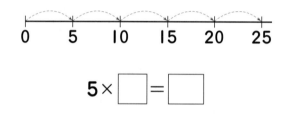

$$5 \times \boxed{} = \boxed{}$$

3 □ 안에 알맞은 수를 써넣으세요.
③점

(1) $2 \times 7 = \boxed{}$　　(2) $6 \times 4 = \boxed{}$

(3) $8 \times 8 = \boxed{}$　　(4) $9 \times 5 = \boxed{}$

4 ○ 안에 >, =, <를 알맞게 써넣으세
③점 요.

$$4 \times 9 \quad \bigcirc \quad 6 \times 6$$

5 빈 곳에 알맞은 수를 써넣으세요.
④점

$$\boxed{1} \xrightarrow{\times 7} \boxed{} \xrightarrow{\times 0} \boxed{}$$

6 **3**단 곱셈구구를 이용하여 빈 곳에 알맞
④점 은 수를 써넣으세요.

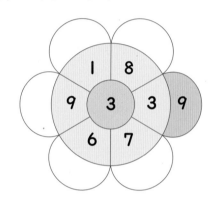

7 계산 결과가 나머지와 <u>다른</u> 하나를 찾아
④점 ○ 하세요.

$$
\begin{array}{ccc}
5 \times 0 & 0 \times 9 & 1 \times 0 \\
0 \times 3 & 1 \times 5 & 4 \times 0
\end{array}
$$

8 다음 중 6×2와 곱이 같은 것은 어느
④점 것인가요? (　　　　)

① 5×3　② 2×7　③ 4×2

④ 3×4　⑤ 8×2

9 다음 중 **8**단 곱셈구구의 곱이 <u>아닌</u> 것은 어느 것인가요? (   )

① 16   ② 24   ③ 28
④ 32   ⑤ 48

10 빈 곳에 알맞은 수를 써넣으세요.

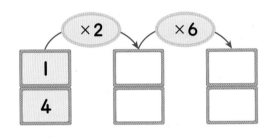

11 다음 중 계산 결과가 **5×7**보다 큰 것을 모두 골라 보세요. (   )

① 9×2   ② 7×4   ③ 3×8
④ 6×6   ⑤ 4×9

12 가영이는 한 묶음에 **8**장씩 들어 있는 색종이를 **7**묶음 가지고 있습니다. 가영이가 가지고 있는 색종이는 모두 몇 장인가요?

(   )장

13 예슬이의 나이는 **9**살입니다. 어머니의 나이가 예슬이 나이의 **4**배라고 할 때 어머니의 나이는 몇 살인가요?

(   )살

14 **9**단 곱셈표를 완성하고 어떤 규칙이 있는지 쓰세요.

×	1	2	3	4	5	6	7	8	9
9	9								

15 공을 꺼내어 공에 적힌 수만큼 점수를 얻는 놀이를 하였습니다. 표를 완성하고 얻은 점수가 모두 몇 점인지 구하세요.

공에 적힌 수	꺼낸 횟수(번)	점수(점)
0	4	
2	2	2×2=4
4	3	

(   )점

16 빈칸에 알맞은 수를 써넣으세요.
(4)점

		× →	
↓×		9	54
	6		
		27	

17 구슬의 개수가 모두 몇 개인지 구하세요.
(4)점

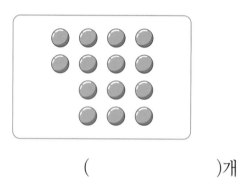

( )개

18 사탕 **7**봉지에 들어 있는 사탕이 모두
(4)점 **63**개입니다. 사탕 한 봉지에 들어 있는 사탕 수가 모두 같다면 사탕 한 봉지에 들어 있는 사탕은 몇 개인가요?

( )개

👑 **곱셈표를 보고 물음에 답하세요. [19~21]**

×	5	6	7	8	9
5	25	30			
6		36			★
7				㉢	
8	㉠				㉣
9		㉡			

19 ■으로 칠한 곳에 있는 수들은 어떤 규
(4)점 칙이 있나요?

_____

_____

20 곱셈표를 완성했을 때 곱이 **64**보다 큰
(4)점 곳에 색칠하세요.

21 ㉠~㉣ 중 ★과 같은 수가 들어가는 곳
(4)점 을 찾아 기호를 쓰세요.

( )

서술형

22 꽃 한 송이를 접는 데 색종이 **6**장이 필
⑤점 요합니다. 색종이 **30**장으로 꽃을 몇 송
이까지 만들 수 있는지 풀이 과정을 쓰
고 답을 구하세요.

풀이

답 _____ 송이

23 일주일은 **7**일입니다. 효근이네 학교의
⑤점 겨울 방학은 **5**주일과 **3**일이라면 겨울
방학은 모두 며칠인지 풀이 과정을 쓰고
답을 구하세요.

풀이

답 _____ 일

24 한별이네 모둠은 남학생이 **5**명, 여학생
⑤점 이 **3**명입니다. 한 학생에게 연필을 **4**자
루씩 나누어 주려고 합니다. 필요한 연필
은 모두 몇 자루인지 풀이 과정을 쓰고
답을 구하세요.

풀이

답 _____ 자루

25 **1**부터 **9**까지의 수 중에서 □ 안에 들어
⑤점 갈 수 있는 수는 모두 몇 개인지 풀이 과
정을 쓰고 답을 구하세요.

□ ×9 > 50

풀이

답 _____ 개

① 사과는 모두 몇 개인지 구하려고 합니다. 곱셈구구를 이용하여 구할 수 있는 다양한 계산 방법을 이야기해 보세요.

> **방법 1**
>
> 예 사과가 **9**개씩 **3**줄보다 **4**개 더 많으므로 **9** × **3**과 **4**를 더해 줍니다.
>
> ➡ **9** × **3** + **4** = **27** + **4** = **31**(개)

> **방법 2**
>
> 예 사과가 **4**개씩 **4**줄과 **5**개씩 ☐줄이 있으므로 **4** × **4**와 **5** × ☐을 더해 줍니다.
>
> ➡ **4** × **4** + **5** × ☐ = **16** + ☐ = ☐(개)

> **방법 3**

달팽이에게 배웠어요.

고슴도치에게는 예쁜 딸이 있었어요. 고슴도치는 날마다 딸을 예쁘게 꾸며 주었어요. 삐죽삐죽 돋은 가시에 리본을 묶어 주면 정말 예쁜 모습으로 변했거든요.

"오늘은 가시 한 개에 리본을 **2**개씩 묶어 줘야지!"

빨간 리본 **2**개, 노란 리본 **2**개, …… 이렇게 묶어 주고 있는데

"아야!"

하고 소리치는 바람에 엄마 고슴도치는 깜짝 놀라고 말았어요.

"엄마! 그만 묶어요. **7**번씩이나 묶었잖아요!"

그동안 딸 고슴도치는 리본을 묶을 때마다 따끔거리며 아픈 걸 꾹 참고 있었거든요. 하지만 묶어 주는 엄마 손이 더 따끔거리며 아팠다는 걸 왜 모를까요?

예쁜 리본을 **7**개의 가시에 묶은 고슴도치가 외출을 했어요. 엄마에겐 따갑다고 소리도 쳤지만 사실은 친구들에게 은근히 자랑하고 싶었거든요.

"야, 정말 예쁘다. 우리도 그 리본 좀 묶어 보면 안 될까?"

토끼가 달려와 말했지만 고슴도치는 콧방귀를 뀌었어요.

"흥! 리본을 아무나 묶는 줄 아니?"

다람쥐도 고슴도치에게 말했어요.

"리본 하나만 만져 봐도 돼?"

"안 돼! 이게 얼마나 귀한 건지 넌 모를 걸!"

가만히 듣고 있던 달팽이는 고슴도치를 혼내고 싶어졌어요. 그래서 느릿느릿 고슴도치에게로 기어가서는 발등 위에 올라앉았어요.

깜짝 놀란 고슴도치는 달팽이에게 비키라고 소리쳤지만 달팽이는 들은 척도 안했답니다. 그리고는 몸을 이리저리 비틀면서 고슴도치의 발을 간지럽혔어요.

고슴도치는 이리저리 다리를 흔들고 몸을 흔들어가며 달팽이를 떼어 내려고 애썼어요. 그런데 떨어지라는 달팽이는 안 떨어지고 곱게 묶어 두었던 리본이 하나, 둘, 셋, 넷, …… 떨어지기 시작했어요.

고슴도치의 가시에서 리본이 다 떨어진 다음에야 달팽이는 어슬렁어슬렁 고슴도치 발에서 떨어져 나왔답니다.

"난 몰라! 엉엉엉. 내 리본 좀 집어 줘. 바람에 다 날아가잖아. 엉엉엉!"

토끼도 다람쥐도 달팽이도 들은 척하지 않았어요. 고슴도치가 바람에 날리는 리본을 줍느라 이리 뛰고 저리 뛰어 다니는데도 본 척도 하지 않았어요. 고슴도치는 리본을 줍고 다니다가 몇 개를 주워야 하는지 생각해 보았어요.

'엄마가 2개씩 7번을 묶었으니까 2+2+2+2+2+2+2=……. 어휴, 몇 개 지? 2+2=4이고 또 2를 더하니까 6이고 음, 또 2를 더하니까 8이고……. 어휴, 내가 몇 번을 더한 거지?'

고슴도치가 이렇게 절절매고 있는 것을 바라보던 달팽이가 말했어요.

"넌 정말 답답하구나. 곱셈도 모르니? 2개씩 7번을 더한 거니까 2×7을 하면 되 잖아. 2×7=14니까 리본은 14개를 찾아야 해!"

"엉, 정말? 넌 어떻게 그런 걸 잘 아니?"

"그야 물론 학교 창문에 딱 붙어서 열심히 공부했으니까 그렇지!"

고슴도치는 갑자기 부끄러워졌어요. 학교에서 수학 시간마다 엎드려 자는 건 고슴도 치였거든요.

그날부터 고슴도치는 곱셈구구를 열심히 외웠답니다.

고슴도치는 기다란 풀잎을 3개씩 5번 묶어 놓았습니다. 고슴도치가 묶은 기다 란 풀잎은 모두 몇 개인가요?

▢ 개

단원 3 길이 재기

이번에 배울 내용

1 cm보다 더 큰 단위, 자로 길이 재기
2 길이의 합
3 길이의 차
4 길이 어림하기

이전에 배운 내용

- 길이 비교하기
- l cm 알아보기
- 길이 어림하기

다음에 배울 내용

- l mm, l km 알아보기
- cm와 mm, km와 m의 관계
  알아보기

⊙ 1 m 알아보기

- 100 cm를 1미터라고 합니다.
- 1미터라고 읽고 1 m라고 씁니다.

$$100 \text{ cm} = 1 \text{ m}$$

⊙ 몇 m 몇 cm 알아보기

- 128 cm는 1 m보다 28 cm 더 깁니다.
- 128 cm를 1 m 28 cm라고도 씁니다.
- 1 m 28 cm를 1미터 28센티미터라고 읽습니다.

$$128 \text{ cm} = 1 \text{ m } 28 \text{ cm}$$

⊙ 줄자를 사용하여 길이 재는 방법

① 책상의 한끝을 줄자의 눈금 **0**에 맞춥니다.

② 책상의 다른 쪽 끝에 있는 줄자의 눈금을 읽습니다.

눈금이 **110**이므로 책상의 길이는 **1** m **10** cm입니다.

개념잡기

- 100 cm를 1 m라 하고, 100 cm보다 긴 길이를 나타낼 때에는 cm보다 m를 사용하는 것이 더 편리합니다.

참고 1 m는 10 cm를 겹치지 않게 10번 이은 길이이고, 1 cm를 겹치지 않게 100번 이은 길이입니다.

---

1 개념확인

한솔이가 책상의 가로 길이를 재어 보았더니 **120** cm였습니다. □ 안에 알맞은 수를 써넣으세요.

(1) 책상의 가로 길이는 1 m보다 [ ] cm 더 깁니다.

(2) 책상의 가로 길이는 [ ] m [ ] cm입니다.

(3) **120** cm = [ ] cm + **20** cm = [ ] m + **20** cm = [ ] m [ ] cm

기본 문제를 통해 교과서 개념을 다져요.

1 □ 안에 알맞은 수나 말을 써넣으세요.

(1) 100 cm를 □ 미터라 하고, 1미터는 □ 라고 씁니다.

(2) 140 cm는 1 m보다 □ cm 더 깁니다.

이것을 □ m □ cm라 쓰고,

1 □ 40 □ 라고 읽습니다.

2 1 m를 바르게 2번 써 보세요.

1 m

3 길이를 바르게 읽어 보세요.

4 m 50 cm

( )

4 □ 안에 알맞은 수를 써넣으세요.

(1) 500 cm = □ m

(2) 400 cm = □ m

(3) 2 m = □ cm

(4) 7 m = □ cm

5 □ 안에 알맞은 수를 써넣으세요.

(1) 315 cm = □ cm + 15 cm

= □ m + 15 cm

= □ m □ cm

(2) 8 m 93 cm = □ m + 93 cm

= □ cm + 93 cm

= □ cm

(3) 514 cm = □ m □ cm

(4) 9 m 63 cm = □ cm

6 자의 눈금을 읽어 보세요.

□ m □ cm

101 102 103 104 105 106

7 cm와 m 중 알맞은 단위를 써 보세요.

(1) 연필의 길이는 약 17 □ 입니다.

(2) 운동장의 긴 쪽의 길이는 약 75 □ 입니다.

1단계 개념 탄탄

2. 길이의 합

교과서 개념을 이해하고 확인 문제를 통해 익혀요.

☞ l m 40 cm + l m 30 cm의 계산

(1) 그림을 이용하여 계산하기

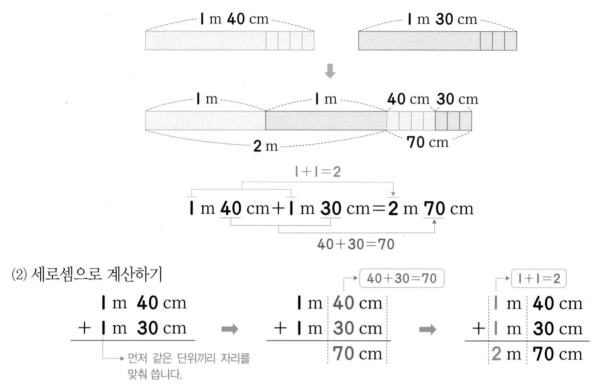

l m 40 cm + l m 30 cm = 2 m 70 cm

(2) 세로셈으로 계산하기

	l m	40 cm
+	l m	30 cm

먼저 같은 단위끼리 자리를 맞춰 씁니다.

$\Rightarrow$ 40+30=70

	l m	40 cm
+	l m	30 cm
		70 cm

$\Rightarrow$ l+l=2

	l m	40 cm
+	l m	30 cm
	2 m	70 cm

개념잡기

• 길이의 합은 m는 m끼리, cm는 cm끼리 더합니다.

 개념확인

그림을 보고 □ 안에 알맞은 수를 써넣으세요.

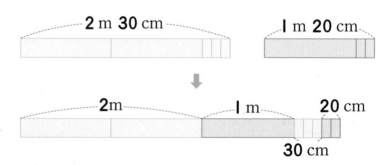

(1) cm끼리 더하면 **30** cm + **20** cm = □ cm입니다.

(2) m끼리 더하면 **2** m + l m = □ m입니다.

(3) **2** m **30** cm + l m **20** cm = □ m □ cm

기본 문제를 통해 교과서 개념을 다져요.

1 그림을 보고 □ 안에 알맞은 수를 써넣으세요.

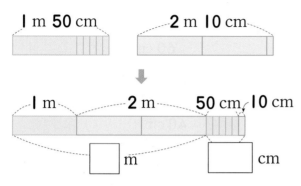

1 m 50 cm + 2 m 10 cm

= □ m □ cm

2 □ 안에 알맞은 수를 써넣으세요.

(1) 2 m 45 cm + 1 m 20 cm

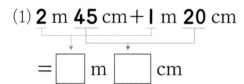

= □ m □ cm

(2) 3 m 20 cm + 4 m 35 cm

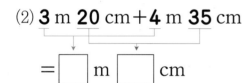

= □ m □ cm

⭐_{중요}
3 □ 안에 알맞은 수를 써넣으세요.

(1)　　1　m　50　cm
　　+　5　m　38　cm
　　――――――――――
　　　　□ m 　□ cm

(2)　　6　m　18　cm
　　+　3　m　41　cm
　　――――――――――
　　　　□ m 　□ cm

4 □ 안에 알맞은 수를 써넣으세요.

(1) 3 m 15 cm + 2 m 42 cm

= □ m □ cm

(2) 1 m 16 cm + 5 m 30 cm

= □ m □ cm

5 ○ 안에 >, =, <를 알맞게 써넣으세요.

> 1 m 45 cm + 4 m 50 cm ○ 6 m

6 두 막대의 길이의 합은 몇 m 몇 cm인가요?

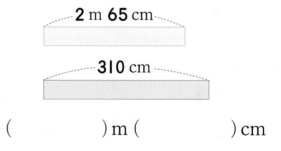

(　　　) m (　　　) cm

7 가장 긴 길이와 가장 짧은 길이의 합은 몇 m 몇 cm인가요?

> 2 m 8 cm　　250 cm　　2 m 30 cm

(　　　) m (　　　) cm

◐ 2 m 60 cm — 1 m 40 cm의 계산

(1) 그림을 이용하여 계산하기

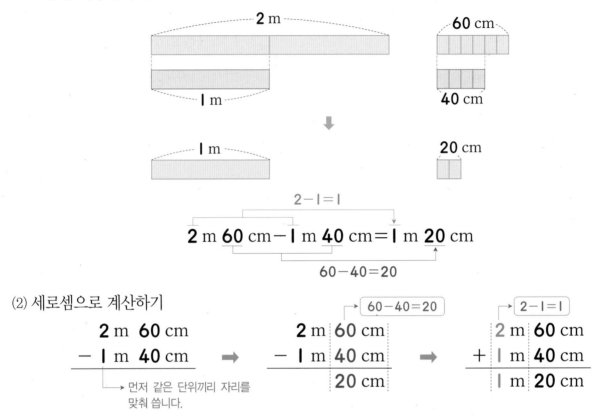

2 m 60 cm — 1 m 40 cm = 1 m 20 cm

2 — 1 = 1

60 — 40 = 20

(2) 세로셈으로 계산하기

$$\begin{array}{r} 2\,m\ \ 60\,cm \\ -\ 1\,m\ \ 40\,cm \\ \hline \end{array}$$

→ 먼저 같은 단위끼리 자리를 맞춰 씁니다.

➡

60 — 40 = 20

$$\begin{array}{r} 2\,m\ \vert\ 60\,cm \\ -\ 1\,m\ \vert\ 40\,cm \\ \hline \vert\ 20\,cm \end{array}$$

➡

2 — 1 = 1

$$\begin{array}{r} 2\,m\ \vert\ 60\,cm \\ +\ 1\,m\ \vert\ 40\,cm \\ \hline 1\,m\ \vert\ 20\,cm \end{array}$$

개념잡기

• 길이의 차는 m는 m끼리, cm는 cm끼리 뺍니다.

1 개념확인

그림을 보고 □ 안에 알맞은 수를 써넣으세요.

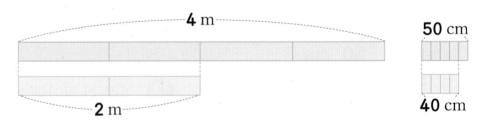

(1) cm끼리 빼면 **50 cm — 40 cm =** ☐ **cm**입니다.

(2) m끼리 빼면 **4 m — 2 m =** ☐ **m**입니다.

(3) **4 m 50 cm — 2 m 40 cm =** ☐ **m** ☐ **cm**

기본 문제를 통해 교과서 개념을 다져요.

1 그림을 보고 □ 안에 알맞은 수를 써넣으세요.

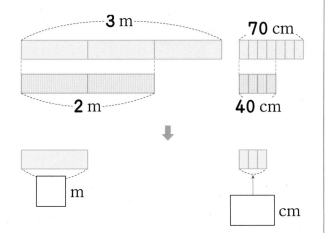

3 m 70 cm − 2 m 40 cm

= □ m □ cm

2 □ 안에 알맞은 수를 써넣으세요.

(1) 4 m 50 cm − 2 m 30 cm

= □ m □ cm

(2) 5 m 60 cm − 3 m 45 cm

= □ m □ cm

3 □ 안에 알맞은 수를 써넣으세요.

(1)   7 m   40 cm

   − 3 m   30 cm

   □ m □ cm

(2)   5 m   85 cm

   − 3 m   62 cm

   □ m □ cm

4 □ 안에 알맞은 수를 써넣으세요.

(1) 6 m 43 cm − 3 m 20 cm

= □ m □ cm

(2) 9 m 75 cm − 4 m 35 cm

= □ m □ cm

5 두 길이의 차를 구하시오.

| 8 m 75 cm | 5 m 60 cm |

(　　　) m (　　　) cm

6 ○ 안에 >, =, <를 알맞게 써넣으세요.

5 m 76 cm − 2 m 24 cm ○ 3 m

7 지혜는 길이가 2 m 50 cm인 끈에서 1 m 20 cm만큼 잘라 사용하였습니다. 남은 끈은 몇 m 몇 cm인가요?

(　　　) m (　　　) cm

ⓒ 내 몸에서 약 1 m를 찾아보기

키에서 약 1 m 찾기

양팔 사이의 길이에서 약 1 m 찾기

ⓒ 내 몸의 일부를 이용하여 길이 재기

① 자를 이용하여 몸의 일부를 각각 재어 봅니다.

② 내 몸의 일부를 이용하여 여러 가지 물건의 길이를 어림하여 재어 볼 수 있습니다.

ⓒ 여러 가지 방법으로 길이를 어림하기

① 축구 골대의 길이 어림하기 ➡ ⓔ 한 걸음은 **50** cm인데 **10**걸음이 나와서 **5** m로 어림했습니다.

② **10** m 길이 어림하기 ➡ ⓔ 축구 골대의 길이가 **5** m 정도라서 **2**배 정도로 어림했습니다.

③ **30** m 길이 어림하기 ➡ ⓔ **10** m 길이로 **3**번 정도이므로 **30** m로 어림했습니다.

👑 여러 가지 방법으로 막대의 길이를 어림하려고 합니다. ☐ 안에 알맞은 수를 써넣으세요. [1~2]

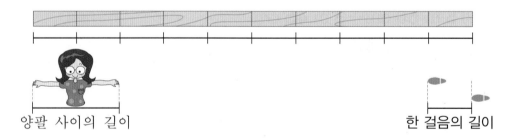

양팔 사이의 길이　　　　　　　　　　　　　　한 걸음의 길이

1 개념확인 양팔 사이의 길이가 약 1 m일 때 막대의 길이는 양팔 사이의 길이로 ☐ 번이므로 약 ☐ m입니다.

2 개념확인 한 걸음의 길이가 약 **50** cm일 때 막대의 길이는 한 걸음의 길이로 ☐ 번이므로 약 ☐ m입니다.

기본 문제를 통해 교과서 개념을 다져요.

1 I m보다 긴 것을 모두 찾아 기호를 써 보세요.

> ㉠ 선생님의 키
> ㉡ 휴대전화의 길이
> ㉢ 교실 문의 높이
> ㉣ 공책의 가로 길이

( )

중요

2 길이를 어림하여 나타낼 때 cm와 m 중 알맞은 단위를 써 보세요.

(1) 가위의 길이 ( )

(2) 복도의 길이 ( )

(3) 학교 건물의 높이 ( )

(4) 신발의 길이 ( )

3 길이를 어림하여 '약 몇 m'로 나타내기에 적당하지 <u>않은</u> 것에 ○표 하세요.

| 칠판의 가로 길이 | 색연필의 길이 | 냉장고의 높이 |

( ) ( ) ( )

4 보기 중에서 교실의 긴 쪽의 길이를 잴 때 몸의 어느 부분으로 재는 것이 가장 알맞은지 기호로 나타내 보세요.

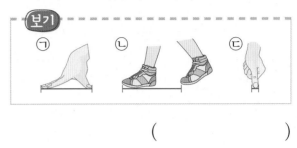

( )

단원 3

5 주어진 I m로 끈의 길이를 어림하였습니다. 어림한 끈의 길이는 약 몇 m인가요?

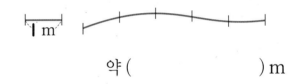

약 ( ) m

6 그림의 실제 길이에 가까운 것을 찾아 선으로 이어 보세요.

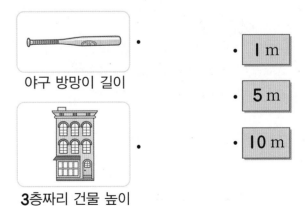

야구 방망이 길이

3층짜리 건물 높이

· I m

· 5 m

· 10 m

유형 1 cm보다 더 큰 단위

- 100 cm를 1미터라 하고 1미터는 1 m라고 씁니다.
- 140 cm는 1 m보다 40 cm 더 깁니다. 140 cm를 1 m 40 cm라 쓰고 1 m 40 cm를 1미터 40센티미터라고 읽습니다.

1-1 알맞은 수에 ○ 하세요.

(1) 1 m는 10 cm를 (10 , 100)번 이은 것과 같습니다.

(2) 1 m는 1 cm를 (10 , 100)번 이은 것과 같습니다.

1-2 다음을 읽어 보세요.

> 8 m 27 cm

(   )

대표유형

1-3 □ 안에 알맞은 수를 써넣으세요.

(1) **700 cm** = □ **m**

(2) **3 m** = □ **cm**

(3) **413 cm** = □ **m** □ **cm**

(4) **2 m 60 cm** = □ **cm**

시험에 잘 나와요

1-4 ○ 안에 >, =, <를 알맞게 써넣으세요.

(1) **5 m 62 cm** ○ **526 cm**

(2) **299 cm** ○ **3 m**

유형 2 자로 길이 재기

- 줄자를 사용하여 길이를 잴 때에는 물건의 한끝을 줄자의 눈금 0에 맞추고 다른 쪽 끝에 있는 줄자의 눈금을 읽습니다.

2-1 자의 눈금을 읽어 보세요.

□ m □ cm

110   111   112   113   114   115

2-2 줄자로 어떤 물건의 길이를 재려고 합니다. 적당한 물건은 어느 것인가요? (   )

① 지우개   ② 연필   ③ 나무 둘레

④ 신발   ⑤ 교과서

유형 **3**   길이의 합

• **2** m **30** cm＋**1** m **40** cm의 계산

```
  2 m 30 cm          2 m 30 cm
+ 1 m 40 cm    ➡   + 1 m 40 cm
─────────          ─────────
     70 cm          3 m 70 cm
```

① cm는 cm끼리, m는 m끼리 자리를 맞춰 씁니다.

② cm는 cm끼리, m는 m끼리 더합니다.

3-1 □ 안에 알맞은 수를 써넣으세요.

2 m 40 cm＋1 m 50 cm

＝ □ m □ cm

◀대표유형▶

3-2 길이의 합을 구하세요.

(1)
```
    2 m  3 5 cm
  + 1 m  6 0 cm
  ───────────
    □ m  □ cm
```

(2)
```
    3 m  1 4 cm
  + 2 m  2 3 cm
  ───────────
    □ m . □ cm
```

3-3 길이의 합을 구하세요.

(1) 4 m 30 cm＋5 m 16 cm

＝ □ m □ cm

(2) 3 m 28 cm＋1 m 15 cm

＝ □ m □ cm

3-4 □ 안에 알맞은 수를 써넣으세요.

(1) 2 m 63 cm＋325 cm

＝ □ m □ cm

(2) 147 cm＋402 cm

＝ □ m □ cm

3-5 두 길이의 합은 몇 m 몇 cm인가요?

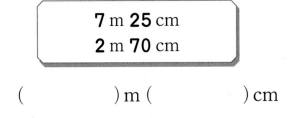

7 m 25 cm
2 m 70 cm

(   ) m (   ) cm

3-6 □ 안에 알맞은 수를 써넣으세요.

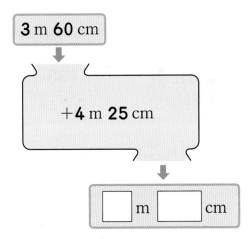

3 m 60 cm

＋4 m 25 cm

□ m □ cm

3-7 색 테이프의 전체 길이를 구하세요.

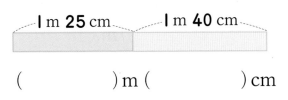

1 m 25 cm   1 m 40 cm

(   ) m (   ) cm

시험에 잘 나와요

3-8 문구점에서 집을 거쳐 서점까지 가는 거리는 몇 m 몇 cm인가요?

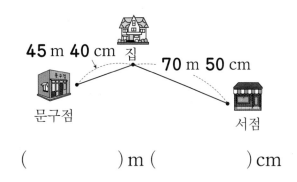

45 m 40 cm 집
70 m 50 cm
문구점
서점

( ) m ( ) cm

3-9 다음은 동민이와 한별이가 멀리뛰기를 한 기록입니다. 동민이와 한별이의 멀리뛰기 기록의 합은 모두 몇 m 몇 cm인가요?

이름	기록
동민	133 cm
한별	1 m 46 cm

( ) m ( ) cm

3-10 높이가 50 m 20 cm인 언덕 위에 높이가 5 m 45 cm인 철탑을 설치했습니다. 언덕 밑에서부터 철탑 꼭대기까지의 높이는 몇 m 몇 cm인가요?

( ) m ( ) cm

유형 4 길이의 차

• 3 m 70 cm − 2 m 50 cm의 계산

$$\begin{array}{r} 3\ \text{m}\ 70\ \text{cm} \\ -\ 2\ \text{m}\ 50\ \text{cm} \\ \hline 20\ \text{cm} \end{array} \Rightarrow \begin{array}{r} 3\ \text{m}\ 70\ \text{cm} \\ -\ 2\ \text{m}\ 50\ \text{cm} \\ \hline 1\ \text{m}\ 20\ \text{cm} \end{array}$$

① cm는 cm끼리, m는 m끼리 자리를 맞춰 씁니다.
② cm는 cm끼리, m는 m끼리 뺍니다.

4-1 □ 안에 알맞은 수를 써넣으세요.

6 − 5 = □

6 m 70 cm − 5 m 30 cm

70 − 30 = □

= □ m □ cm

대표유형

4-2 길이의 차를 구하세요.

(1)
$$\begin{array}{r} 2\ \text{m}\ 6\ 8\ \text{cm} \\ -\ 1\ \text{m}\ 3\ 2\ \text{cm} \\ \hline □\ \text{m}\ □\ \text{cm} \end{array}$$

(2)
$$\begin{array}{r} 6\ \text{m}\ 2\ 4\ \text{cm} \\ -\ 1\ \text{m}\ 1\ 2\ \text{cm} \\ \hline □\ \text{m}\ □\ \text{cm} \end{array}$$

4-3 길이의 차를 구 하세요.

(1) 5 m 60 cm − 2 m 40 cm
= □ m □ cm

(2) 7 m 85 cm − 3 m 64 cm
= □ m □ cm

4-4 ㉠에서 ㉡까지의 길이는 몇 m 몇 cm인 가요?

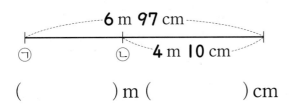

(   ) m (   ) cm

4-5 사용한 색 테이프의 길이는 몇 m 몇 cm 인가요?

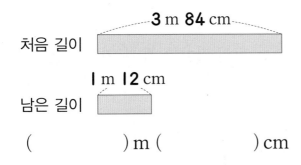

(   ) m (   ) cm

4-6 사각형의 가로 길이와 세로 길이의 차는 몇 m 몇 cm인가요?

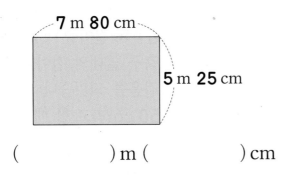

(   ) m (   ) cm

4-7 두 길이의 차는 몇 m 몇 cm인가요?

> 4 m 31 cm   692 cm

(   ) m (   ) cm

4-8 길이가 더 긴 것을 찾아 기호를 쓰세요.

> ㉠ 7 m 85 cm − 53 cm
> ㉡ 9 m 76 cm − 2 m 45 cm

(   )

4-9 통나무의 길이는 3 m 90 cm입니다. 이 통나무에서 1 m 50 cm만큼 잘라 사용한다면 남는 통나무의 길이는 몇 m 몇 cm인가요?

(   ) m (   ) cm

4-10 길이가 2 m 26 cm인 고무줄이 있습 니다. 이 고무줄을 양쪽에서 잡아당겼더 니 347 cm가 되었습니다. 이 고무줄의 늘어난 길이는 몇 m 몇 cm인가요?

(   ) m (   ) cm

유형**5** 길이 어림하기

- 우리 주변의 물건이나 자신의 신체 일부에서 **1** m를 찾고 이를 이용하여 **5** m 내외의 길이를 어림해 봅니다.
- 운동장의 축구 골대를 활용하거나 여러 명이 손을 잡고 팔을 벌리는 방법 등을 활용하여 **10** m를 만들어 보고, 이를 이용하여 **50** m 내외의 거리도 어림해 봅니다.

5-1 가영이의 키가 **1** m일 때, 국기 게양대의 높이는 약 몇 m인가요?

약 (   ) m

5-2 집에 있는 물건 중에서 **1** m보다 길고 **2** m보다 짧은 것 **2**가지를 써 보세요.

(   )

🔔잘 틀려요

5-3 오른쪽 책꽂이 한 칸의 높이가 **40** cm라고 합니다. 영수의 키는 약 몇 cm인가요?

약 (   ) cm

🎓시험에 잘 나와요

5-4 보기 에서 알맞은 길이를 골라 문장을 완성해 보세요.

┌─ 보기 ─────────────────────┐
　　125 cm　**10** m　**50** m　**100** m
└────────────────────────────┘

(1) 동민이의 키는 약 ☐ 입니다.

(2) 트럭의 길이는 약 ☐ 입니다.

(3) 축구 경기장의 긴 쪽의 길이는 약 ☐ 입니다.

5-5 방의 길이를 잴 때 가장 적은 횟수로 잴 수 있는 것을 찾아 기호를 쓰세요.

┌────────────────────────────┐
│　ㄱ 양팔 사이의 길이　　　　　│
│　ㄴ 발 길이　　　　　　　　　│
│　ㄷ 한 뼘의 길이　　　　　　　│
└────────────────────────────┘

(   )

5-6 석기는 한 걸음의 길이를 이용하여 운동장에 있는 축구 골대의 길이를 재어 보았더니 **10**걸음쯤 되었습니다. 한 걸음의 길이가 **50** cm라고 할 때 축구 골대의 길이는 약 몇 m인가요?

약 (   ) m

1 관계있는 것끼리 선으로 연결한 것입니다. □ 안에 알맞은 수를 써넣으세요.

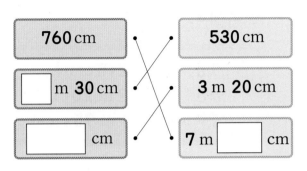

760 cm · · 530 cm

□ m 30 cm · · 3 m 20 cm

□ cm · · 7 m □ cm

2 길이가 가장 긴 것부터 차례대로 기호를 쓰세요.

㉠ 5 m 32 cm ㉡ 520 cm
㉢ 530 cm ㉣ 5 m 3 cm

(   )

3 교실 앞쪽부터 뒤쪽까지는 18걸음입니다. 2걸음이 1 m일 때, 교실 앞쪽에서부터 뒤쪽까지의 거리는 약 몇 m인가요?

약 (   ) m

4 오른쪽 그림에서 나무의 높이가 4 m라면 전봇대의 높이는 약 몇 m인가요?

약 (   ) m

5 빨간색 테이프의 길이는 2 m 25 cm이고 파란색 테이프의 길이는 빨간색 테이프의 길이보다 1 m 13 cm 더 깁니다. 파란색 테이프의 길이는 몇 m 몇 cm인가요?

(   ) m (   ) cm

6 ㉠에서 ㉣까지의 길이는 8 m 39 cm입니다. ㉡에서 ㉢까지의 길이는 몇 m 몇 cm인가요?

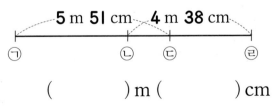

5 m 51 cm   4 m 38 cm

㉠   ㉡ ㉢   ㉣

(   ) m (   ) cm

단원 3

7 가장 긴 길이와 가장 짧은 길이의 합을 구하세요.

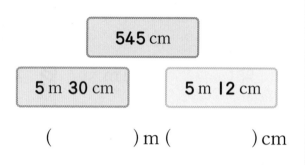

(   ) m (   ) cm

8 숫자 카드 **6**장을 모두 사용하여 가장 긴 길이와 가장 짧은 길이를 각각 만들고, 그 차를 구하세요.

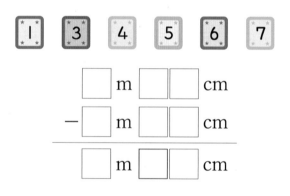

$$
\begin{array}{c|c|c}
\boxed{} \ m & \boxed{} & \boxed{} \ cm \\
- \ \boxed{} \ m & \boxed{} & \boxed{} \ cm \\
\hline
\boxed{} \ m & \boxed{} & \boxed{} \ cm
\end{array}
$$

9 상연이와 효근이 중에서 가지고 있는 털실의 길이가 더 긴 사람은 누구인가요?

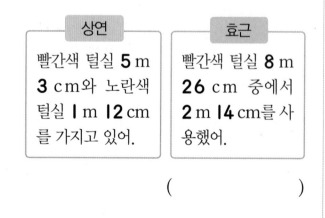

(   )

10 **2** m에 가장 가까운 길이의 줄을 가진 사람의 이름을 말하고 그렇게 생각한 이유를 쓰세요.

> 가영 : 내 줄은 **215** cm야.
> 동민 : 내 줄은 **2** m **20** cm야.
> 영수 : 내 줄은 **1** m **95** cm야.

사람

이유

11 가, 나, 다 **3**개의 막대가 있습니다. 가는 나보다 **22** cm 더 길고, 나는 다보다 **30** cm 더 짧습니다. 다의 길이가 **1** m **57** cm일 때, 가의 길이는 몇 m 몇 cm인가요?

(   ) m (   ) cm

12 지혜의 양팔 사이의 길이는 **1** m이고 석기의 한 걸음은 **50** cm입니다. 칠판의 가로 길이는 지혜의 양팔 사이의 길이로 **3**번 재고 이어서 석기의 걸음으로 **2**걸음 잰 길이와 같습니다. 칠판의 가로 길이는 약 몇 m인가요?

약 (   ) m

유형 1

빨간색 끈의 길이는 **3 m 57 cm**이고 파란색 끈의 길이는 **212 cm**입니다. 두 끈의 길이의 합은 몇 m 몇 cm인지 풀이 과정을 쓰고 답을 구하세요.

단원 3

풀이 **212 cm = 200 cm +** ☐ **cm =** ☐ **m +** ☐ **cm =** ☐ **m** ☐ **cm**

입니다. 따라서 두 끈의 길이의 합은

3 m 57 cm + ☐ **m** ☐ **cm =** ☐ **m** ☐ **cm**입니다.

답 ☐ m ☐ cm

예제 1

한별이의 키는 **1 m 32 cm**이고 동민이의 키는 **126 cm**입니다. 두 사람의 키의 합은 몇 m 몇 cm인지 풀이 과정을 쓰고 답을 구하세요. [4점]

설명

_____

_____

_____

_____

답 _____ m _____ cm

유형2

길이가 **4** m **39** cm인 리본 중에서 **115** cm를 사용하였습니다. 남은 리본의 길이는 몇 m 몇 cm인지 풀이 과정을 쓰고 답을 구하세요.

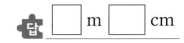 **115** cm = ☐ cm + **15** cm = ☐ m + ☐ cm = ☐ m ☐ cm

입니다. 따라서 남은 리본의 길이는

4 m **39** cm − ☐ m ☐ cm = ☐ m ☐ cm입니다.

답 ☐ m ☐ cm

예제2

놀이터의 세로 길이는 **10** m **20** cm이고 가로 길이는 세로 길이보다 **205** cm 더 짧습니다. 놀이터의 가로 길이는 몇 m 몇 cm인지 풀이 과정을 쓰고 답을 구하세요. [4점]

설명

_____

_____

_____

_____

답 _____ m _____ cm

놀이 수학

👑 동민, 영수, 한별 세 사람이 종이공 던지기 놀이를 했습니다. 물음에 답하세요. [1~4]

놀이 방법

① 순서대로 종이공을 힘껏 던져 그 거리를 재어 기록표에 씁니다.

② 가장 멀리 던진 순서대로 **3**점, **2**점, **1**점을 받습니다.

③ 종이공 던지기를 **3**회 반복하여 얻은 점수의 합이 가장 높은 사람이 이깁니다.

단원 3

종이공 던지기 기록표

	1회	2회	3회
동민	5 m 65 cm	550 cm	5 m 90 cm
영수	498 cm	5 m	615 cm
한별	5 m 15 cm	480 cm	6 m 10 cm

1 동민이가 얻은 점수의 합은 모두 몇 점인가요?

(   )점

2 영수가 얻은 점수의 합은 모두 몇 점인가요?

(   )점

3 한별이가 얻은 점수의 합은 모두 몇 점인가요?

(   )점

4 놀이에서 이긴 사람은 누구인가요?

(   )

1 길이를 읽어 보세요.
③점

> 4 m 70 cm

(   )

2 □ 안에 알맞은 수를 써넣으세요.
③점

(1) 800 cm = □ m

(2) 389 cm = □ m □ cm

(3) 9 m = □ cm

(4) 2 m 7 cm = □ cm

3 다음 중 길이를 나타낼 때, m를 사용하
③점 기에 가장 알맞은 것은 어느 것인가요?

(   )

① 필통의 길이
② 손가락의 길이
③ 동화책의 세로 길이
④ 한 뼘
⑤ 교실 문의 높이

4 관계있는 것끼리 선으로 이어 보세요.
③점

3 m 52 cm •　　　• 305 cm

3 m 24 cm •　　　• 352 cm

3 m 5 cm •　　　• 324 cm

5 길이를 비교하여 ○ 안에 >, =, <를
④점 알맞게 써넣으세요.

> 7 m 9 cm ○ 718 cm

6 다음 중 길이가 가장 짧은 것은 어느 것
④점 인가요? (   )

① 5 m　　　② 4 m 6 cm

③ 460 cm　　④ 4 m 62 cm

⑤ 506 cm

7 동민이의 형이 멀리뛰기를 하였습니다.
④점 동민이의 형이 뛴 거리는 약 몇 m인가
요?

약 (   ) m

8 가영이는 한 걸음의 길이를 이용하여 긴
(4점) 줄넘기의 길이를 재어 보았더니 **7**걸음쯤
되었습니다. 한 걸음의 길이가 **50** cm라
고 할 때 긴 줄넘기의 길이는 약 몇 m
몇 cm인가요?

약 (   ) m (   ) cm

9 나무의 높이가 **2** m
(4점) 라면 탑의 높이는 약
몇 m인가요?

약 (   ) m

10 교실 문의 높이는 **1** m짜리 줄로 **2**번 재
(4점) 고 **30** cm쯤 더 재어야 합니다. 교실
문의 높이는 약 몇 m 몇 cm인가요?

약 (   ) m (   ) cm

11 안에 알맞은 수를 써넣으세요.
(4점)

(1)
```
    8 m  34 cm
+   1 m  15 cm
─────────────
    □ m   □ cm
```

(2)
```
   11 m  96 cm
-   8 m  46 cm
─────────────
    □ m   □ cm
```

12 주어진 **1** m로 끈의 길이를 어림하였습
(4점) 니다. 어림한 끈의 길이는 약 몇 m인가
요?

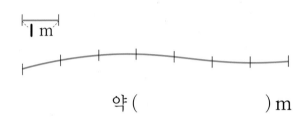

약 (   ) m

13 두 길이의 합은 몇 m 몇 cm인가요?
(4점)

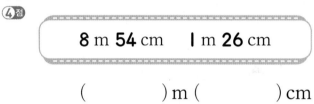

8 m 54 cm   1 m 26 cm

(   ) m (   ) cm

14 ㉡에서 ㉢까지의 길이는 몇 m 몇 cm인
(4점) 가요?

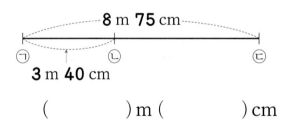

(   ) m (   ) cm

15 □ 안에 알맞은 수를 써넣으세요.
(4점)

(1) 6 m 23 cm + 135 cm

= □ m □ cm

(2) 8 m 76 cm - 470 cm

= □ m □ cm

단원 3

16 동민이의 키는 **1** m **29** cm이고 예슬
(4점) 이의 키는 동민이의 키보다 **15** cm 더
큽니다. 예슬이의 키는 몇 m 몇 cm인
가요?

(   ) m (   ) cm

17 지혜는 길이가 **8** m **27** cm인 리본 중
(4점) 에서 선물을 포장하는 데 **3** m **23** cm
를 사용하였습니다. 남은 리본의 길이는
몇 m 몇 cm인가요?

(   ) m (   ) cm

18 학교에서 집까지의 거리와 학교에서 우
(4점) 체국까지의 거리의 차는 몇 m 몇 cm
인가요?

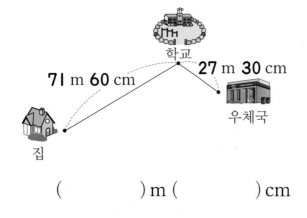

(   ) m (   ) cm

19 ☐ 안에 알맞은 수를 써넣으세요.
(4점)
(1) **6** m **34** cm + ☐ cm
= **8** m **68** cm

(2) **8** m **59** cm − ☐ cm
= **1** m **23** cm

20 가장 긴 길이와 가장 짧은 길이의 차는
(4점) 몇 m 몇 cm인가요?

> **476** cm   **243** cm   **2** m **34** cm

(   ) m (   ) cm

21 더 긴 것을 찾아 기호를 쓰세요.
(4점)

> ㉠ **4** m **80** cm − **1** m **50** cm
> ㉡ **2** m **15** cm + **1** m **70** cm

(   )

22 길이가 가장 긴 것부터 차례대로 기호를
⑤점 쓰려고 합니다. 풀이 과정을 쓰고 답을
구하세요.

> ㉠ 5 m 2 cm   ㉡ 520 cm
> ㉢ 5 m 10 cm   ㉣ 5 m

[풀이]

[답]

23 그림과 같이 동민이는 높이가 32 cm인
⑤점 의자에 올라서서 바닥에서부터 머리 끝
까지의 높이를 재었더니 1 m 64 cm
였습니다. 동민이의 키는 몇 m 몇 cm
인지 풀이 과정을 쓰고 답을 구하세요.

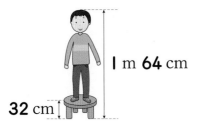

1 m 64 cm

32 cm

[풀이]

[답]   m   cm

24 그림을 보고 ㉠에서 ㉡까지의 길이는 몇
⑤점 m 몇 cm인지 풀이 과정을 쓰고 답을
구하세요.

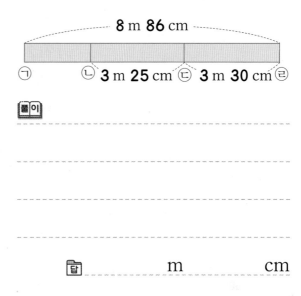

8 m 86 cm

㉠   ㉡ 3 m 25 cm ㉢ 3 m 30 cm ㉣

[풀이]

[답]   m   cm

단원
3

25 짧은 막대의 길이는 1 m 20 cm입니
⑤점 다. 긴 막대의 길이는 약 몇 m 몇 cm인
지 풀이 과정을 쓰고 답을 구하세요.

1 m 20 cm

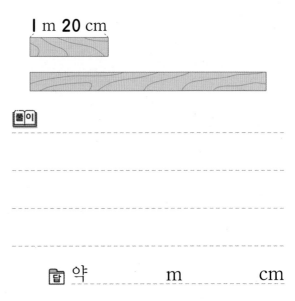

[풀이]

[답] 약   m   cm

👑 다음 표는 남자 높이뛰기 세계 기록입니다. 물음에 답하세요. [1~3]

〈높이뛰기 세계 기록〉

연도(년)	기록
1912	200 cm
1960	222 cm
1984	2 m 39 cm
1993	245 cm

① 1960년의 기록은 몇 m 몇 cm인가요?

(   ) m (   ) cm

② 1984년의 기록과 1912년의 기록의 차는 몇 cm인가요?

(   ) cm

③ 교실의 높이가 2 m 60 cm일 때 교실의 높이와 1993년 높이뛰기 세계 기록과의 차는 몇 cm인가요?

(   ) cm

생활 속의 수학

우리 반 어린이 키 재는 날

오늘은 우리 반 어린이들이 키를 재는 날입니다.

담임 선생님께서는 우리에게

"키를 정확하게 재려면 실내화를 벗고 키 재는 곳에 올라가야 해요."

라고 설명을 하셨습니다. 그리고 얼마 후 보건 선생님께서 키를 재는 도구를 가지고

오셨습니다. 아이들은 모두 속닥속닥했습니다.

"내 키는 얼마나 될까?"

"1학년 때보다 얼마나 더 컸을까?"

"내 짝보다 더 컸으면 좋겠는데……."

보건 선생님께서는 남학생부터 한 명씩 차례로 키를 잰다고 하셨습니다.

먼저 1번 한별이부터 키를 재었습니다.

"한별이 키는 1 m 30 cm예요."

이때 키를 잰 한별이가 궁금해서 보건 선생님께 여쭤보았습니다.

"선생님 1 m가 얼마에요?"

"100 cm를 1 m라고 해요. 한별이 키는 1 m보다 30 cm 더 큰

1 m 30 cm가 되는 거예요."

이 모습을 지켜보시던 담임 선생님께서 우리 반 어린이들이 키를 재는

동안 문제를 내셨습니다.

"우리 같이 1 m가 어느 정도인지 어림해 보기로 해요. 교실에서 길이

가 약 1 m인 물건은 어떤 것들이 있는지 찾아볼까요?"

"선생님, TV의 긴 쪽의 길이요!"

"창문의 짧은 쪽의 길이요!"

"형광등의 길이요!"

얼마 후에 우리 반에서 키가 가장 큰 동민이 차례가 되었습니다. 우리 반 어린이들

은 동민이의 키가 몹시 궁금하였습니다.

"동민이 키는 1 m 42 cm이에요."

우리 반에서 키가 가장 작은 지혜는 키가 1 m 23 cm였는데 동민이는 아무래도 지

혜보다 키가 한 뼘 정도 더 큰 것 같습니다.

이때 보건 선생님께서 말씀하셨습니다.

"지혜와 동민이의 키를 합하면 교실 천장에 닿을지도 모르겠네요. 두 친구의 키를 합하면 얼마일까요?"

	1 m 23 cm		1 m 23 cm		1 m 23 cm
	+ 1 m 42 cm	➡	+ 1 m 42 cm	➡	+ 1 m 42 cm
			65 cm		2 m 65 cm

우리 반 어린이들의 키를 다 재고 나자, 담임 선생님께서도 재미있는 질문을 하셨습니다.

"여러분 혹시 세상에서 키가 가장 큰 사람의 키는 얼마일까요? 궁금하죠?"

"네. 가르쳐 주세요."

"미국 사람인데 키가 **2 m 72** cm였대요. 이 사람은 우리 반에서 키가 가장 큰 동민이보다 얼마나 키가 더 클까요?"

	2 m 72 cm		2 m 72 cm		2 m 72 cm
	− 1 m 42 cm	➡	− 1 m 42 cm	➡	− 1 m 42 cm
			30 cm		1 m 30 cm

우리 반 어린이들의 키를 실제로 재어 보니 그냥 눈으로 어림한 것보다 조금씩 차이가 나기도 하였습니다. 그리고 무엇보다도 키를 정확하게 알 수 있어서 기뻤습니다. 우리 반 어린이들은 운동도 열심히 하고 우유도 많이 먹어 내년에는 키가 훌쩍 크자고 다같이 다짐했습니다.

😊 길이의 덧셈과 뺄셈은 어떻게 계산하면 되는지 이야기해 보세요.

단원 4 시각과 시간

이번에 배울 내용

1. 몇 시 몇 분 읽어 보기
2. 여러 가지 방법으로 시각 읽어 보기
3. 1시간 알아보기, 걸린 시간 알아보기
4. 하루의 시간 알아보기
5. 달력 알아보기

 이전에 배운 내용

- 몇 시 알아보기
- 몇 시 30분 알아보기

 다음에 배울 내용

- 1분보다 작은 단위 알아보기
- 시간의 덧셈과 뺄셈

1. 몇 시 몇 분 읽어 보기

교과서 개념을 이해하고 확인 문제를 통해 익혀요.

☞ 5분 단위까지 몇 시 몇 분을 읽기

시계의 긴바늘이 가리키는 수가 **1**이면 **5**분, **2**이면 **10**분, **3**이면 **15**분, ……을 나타냅니다.
왼쪽 그림의 시계가 나타내는 시각은 **8**시 **15**분입니다.

☞ 1분 단위까지 몇 시 몇 분을 읽기

시계에서 긴바늘이 가리키는 작은 눈금 한 칸은 **1**분을 나타냅니다.
왼쪽 그림의 시계가 나타내는 시각은 **7**시 **12**분입니다.

---

1 개념확인

시계를 보고 □ 안에 알맞은 수를 써넣으세요.

(1) 시계에서 짧은바늘은 □과 □ 사이에 있고 긴바늘은 □를 가리킵니다.

(2) 시계가 나타내는 시각은 □시 □분입니다.

2 개념확인

시계를 보고 □ 안에 알맞은 수를 써넣으세요.

(1) 시계에서 짧은바늘은 □와 □ 사이에 있고 긴바늘이 **5**에서 작은 눈금으로 □칸 더 간 곳을 가리킵니다.

(2) 시계가 나타내는 시각은 □시 □분입니다.

기본 문제를 통해 교과서 개념을 다져요

❶ 시계를 보고 □ 안에 알맞은 수를 써넣으세요.

(1) 짧은바늘은 □ 와 □ 사이에 있습니다.

(2) 긴바늘은 □ 을 가리키고 있습니다.

(3) 시계가 나타내는 시각은 □ 시 □ 분입니다.

 시각을 읽어 보세요. [2~3]

❷

□ 시 □ 분

❸

□ 시 □ 분

시각을 시계에 알맞게 나타내 보세요.
[4~5]

❹ 2시 35분

❺ 8시 21분

❻ 같은 시각끼리 선으로 이어 보세요.

 •   •

 •   •

 •   •

몇 시 몇 분 전 알아보기

6시 55분을 7시 5분 전이라고도 합니다.

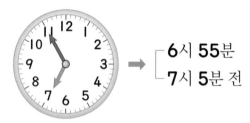

개념확인 1

오른쪽 시계를 보고 □ 안에 알맞은 수를 써넣으세요.

(1) 짧은바늘은 □ 와 □ 사이에 있습니다.

(2) 긴바늘은 □ 을 가리키고 있습니다.

(3) 시계가 나타내는 시각은 □시 □분입니다.

(4) 시계가 나타내는 시각은 5시가 되기 □분 전의 시각과 같으므로

5시 □분 전으로 나타낼 수 있습니다.

개념확인 2

시각을 시계에 나타내려고 합니다. 물음에 답하세요.

9시 5분 전 ➡

(1) 9시 5분 전은 몇 시 몇 분입니까?

( )시 ( )분

(2) 9시 5분 전을 시계에 나타내 보세요.

기본 문제를 통해 교과서 개념을 다져요.

1 시계를 보고 □ 안에 알맞은 수를 써넣으세요.

(1) 시계가 나타내는 시각은 **9**시 □ 분 입니다.

(2) **10**시가 되려면 □ 분이 더 지나야 합니다.

(3) 시계가 나타내는 시각은 **10**시 □ 분 전입니다.

 시각을 시계에 각각 나타내 보세요. [4~5]

4 **3**시 **5**분 전

5 **5**시 **15**분 전

 시계를 보고 □ 안에 알맞은 수를 써넣으세요. [2~3]

2
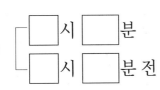 □ 시 □ 분
□ 시 □ 분 전

3
□ 시 □ 분
□ 시 □ 분 전

6 같은 시각끼리 선으로 이어 보세요.

 • • **11**시 **10**분 전

 • • **10**시 **15**분 전

 • • **2**시 **10**분 전

☞ l 시간 알아보기

- 시계의 긴바늘이 한 바퀴 도는 데 걸린 시간은 60분입니다.
- 시계의 짧은바늘이 **7**에서 **8**로 움직이는 데 걸린 시간은 l시간입니다.
- **60**분은 l시간입니다.

60분＝l시간

☞ 걸린 시간 알아보기

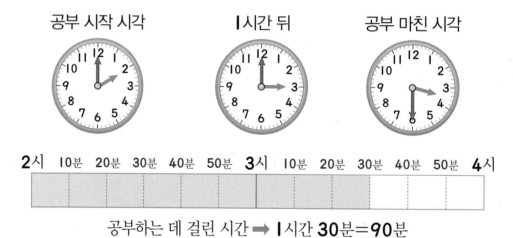

공부 시작 시각 　　 l시간 뒤 　　 공부 마친 시각

공부하는 데 걸린 시간 ➡ l시간 **30**분＝**90**분

개념잡기

- 시각과 시각 사이를 시간이라고 합니다.
- 시계의 긴바늘이 **12**에서 **12**까지 한 바퀴 도는 데 **60**분이 걸립니다.
- 걸린 시간을 몇 분 또는 몇 시간 몇 분으로 바꾸어 나타낼 수 있습니다.

---

1 개념확인

지혜가 숙제를 시작한 시각과 마친 시각을 나타낸 것입니다. 숙제를 하는 데 걸린 시간을 시간 띠에 나타내어 알아보세요.

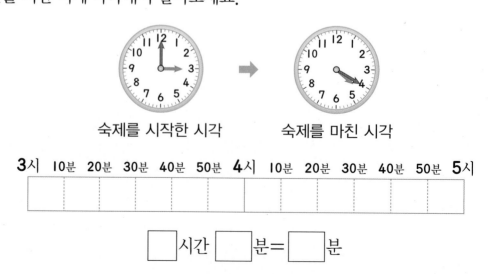

숙제를 시작한 시각 　　　 숙제를 마친 시각

□시간 □분＝□분

1 □ 안에 알맞은 수를 써넣으세요.

> 시계의 긴바늘이 한 바퀴 도는 데 걸리는 시간은 □ 시간입니다.

2 다음 시각에서 시계의 긴바늘이 한 바퀴를 돌면 몇 시 몇 분이 되나요?

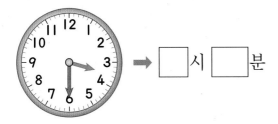 ➡ □ 시 □ 분

3 □ 안에 알맞은 수를 써넣으세요.

(1) **60**분은 □ 시간입니다.

(2) **110**분은 □ 시간 □ 분입니다.

(3) **2**시간 **15**분은 □ 분입니다.

중요

4 두 시계를 보고 시간이 얼마나 흘렀는지 시간 띠에 나타내어 알아보세요.

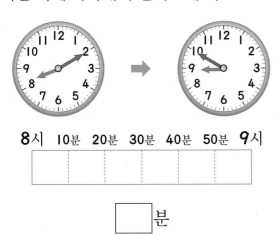

8시 10분 20분 30분 40분 50분 9시

□ 분

5 다음 시각에서 **30**분 후의 시각을 시계에 나타내 보세요.

5시 30분 ➡

6 예슬이가 저녁 시간에 밥을 먹는 데 걸린 시간은 몇 분인가요?

밥을 먹기   밥을 다
시작한 시각   먹은 시각

(   )분

7 가영이는 **2**시에 영화를 보기 시작했습니다. 시계의 긴바늘이 **2**바퀴를 돌았을 때 영화가 끝났습니다. 영화가 끝난 시각은 몇 시입니까?

(   )시

○ 하루의 시간 알아보기

• 하루는 **24**시간입니다.

• 전날 밤 **12**시부터 낮 **12**시까지를 오전이라 하고 낮 **12**시부터 밤 **12**시까지를 오후라고 합니다.

1일=24시간

개념잡기

• 오전 : 전날 밤 **12**시부터 낮 **12**시까지 ➡ **12**시간, 오후 : 낮 **12**시부터 밤 **12**시까지 ➡ **12**시간

• 짧은바늘이 한 바퀴 도는 데 **12**시간이 걸리므로 **2**바퀴 도는 데는 **24**시간이 걸립니다.

---

1 개념확인

□ 안에 알맞은 말을 써넣으세요.

> • 전날 밤 **12**시부터 낮 **12**시까지를 [ ]이라고 합니다.
>
> • 낮 **12**시부터 밤 **12**시까지를 [ ]라고 합니다.

2 개념확인

석기가 하루 중 놀이공원에 있었던 시간을 구해 보세요.

(오전) 놀이공원에 들어간 시각 ➡ (오후) 놀이공원에서 나온 시각

(1) 석기가 놀이공원에 있었던 시간을 시간 띠에 나타내 보세요.

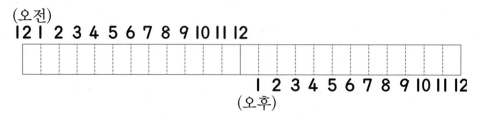

(2) 석기가 놀이공원에 있었던 시간은 [ ]시간입니다.

1 동민이가 아침에 일어난 시각과 저녁에 잠자리에 든 시각을 나타낸 것입니다. 동민이가 아침에 일어나서 저녁에 잠자리에 들기까지 걸린 시간을 알아보세요.

(오전)　　　　　　(오후)

일어난 시각　　　잠자리에 든 시각

(1) 일어난 시각은 오전 ☐ 시입니다.

(2) 잠자리에 든 시각은 오후 ☐ 시입니다.

(3) 동민이가 아침에 일어나서 저녁에 잠자리에 들기까지 걸린 시간을 시간 띠에 나타내 보세요.

(오전)
12 1 2 3 4 5 6 7 8 9 10 11 12

1 2 3 4 5 6 7 8 9 10 11 12
(오후)

(4) 동민이가 아침에 일어나서 저녁에 잠자리에 들기까지 걸린 시간은 ☐ 시간입니다.

중요

2 ☐ 안에 알맞은 수를 써넣으세요.

(1) **1**일 **3**시간＝ ☐ 시간

(2) **3**일＝ ☐ 시간

(3) **29**시간＝ ☐ 일 ☐ 시간

3 ☐ 안에 오전과 오후를 알맞게 써넣으세요.

(1) 가영이는 ☐ **8**시 **20**분에 학교에 갑니다.

(2) 예슬이는 ☐ **6**시 **30**분에 저녁을 먹었습니다.

4 ( ) 안에 오전과 오후를 알맞게 써넣으세요.

(1) 아침 **6**시　　(　　　　　)

(2) 저녁 **9**시　　(　　　　　)

(3) 낮 **2**시　　　(　　　　　)

(4) 새벽 **3**시　　(　　　　　)

5 더 긴 시간에 ○표 하세요.

2일	**40**시간
(　)	(　)

6 더 짧은 시간에 ○표 하세요.

1일 **4**시간	**26**시간
(　)	(　)

☞ 1주일 알아보기

- 1주일은 **7**일입니다.
- 1주일에는 일요일, 월요일, 화요일, 수요일, 목요일, 금요일, 토요일이 있습니다.

1주일=7일

일	월	화	수	목	금	토
				1	2	3
4	5	6	7	8	9	10
11	12	13	14	15	16	17

같은 요일은 **7**일마다 반복됩니다.

☞ 1년 알아보기

1년은 **12**개월입니다.

1년=12개월

월	1	2	3	4	5	6	7	8	9	10	11	12
날수(일)	31	28 (29)	31	30	31	30	31	31	30	31	30	31

개념잡기

달력에서 **7**일마다 같은 요일이 반복됩니다.

개념확인 1

어느 해의 **10**월 달력입니다. 달력을 보고 □ 안에 알맞은 수나 말을 써넣으세요.

일	월	화	수	목	금	토
		1	2	3	4	5
6	7	8	9	10	11	12
13	14	15	16	17	18	19
20	21	22	23	24	25	26
27	28	29	30	31		

(1) 1일은 □요일입니다.

(2) 둘째 목요일은 □일입니다.

(3) 수요일은 **2**일, □일, □일, □일, □일입니다.

기본 문제를 통해 교과서 개념을 다져요.

단원
4

👑 어느 해 **7**월의 달력을 보고 물음에 답하세요.
[1~4]

일	월	화	수	목	금	토
	1	2	3	4	5	6
7	8	9	10	11	12	13
14	15	16	17	18	19	20
21	22	23	24	25	26	27
28	29	30	31			

1 **4**일에서 **1**주일 후는 며칠인가요?

( )일

2 이번 달의 일요일인 날짜를 모두 쓰세요.

( )

3 이번 달의 **27**일은 무슨 요일인가요?

( )

4 위 **7**월의 달력을 기준으로 **8**월 **4**일은 무슨 요일인가요?

( )

⭐중요

5 ☐ 안에 알맞은 수를 써넣으세요.

(1) **2**주일＝ ☐ 일

(2) **21**일＝ ☐ 주일

(3) **2**년＝ ☐ 개월

(4) **15**개월＝ ☐ 년 ☐ 개월

6 ☐ 안에 알맞은 말을 써넣으세요.

(1) **12**일 수요일에서 **3**일 후는 ☐ 요일입니다.

(2) **5**일 목요일에서 **14**일 후는 ☐ 요일입니다.

7 날수가 같은 달끼리 짝지은 것을 모두 찾아 ○표 하세요.

4월, 10월	3월, 5월
( )	( )

9월, 11월	6월, 8월
( )	( )

유형 **1** **몇 시 몇 분 읽어 보기**

• 시계에서 긴바늘이 숫자 1, 2, 3, ……을 가리키면 각각 5분, 10분, 15분, ……을 나타냅니다.

• 시계에서 긴바늘이 가리키는 작은 눈금 한 칸은 1분을 나타냅니다.

4시 **35**분   **7**시 **12**분

1-1 □ 안에 알맞은 수를 써넣으세요.

(1) 시계의 긴바늘이 숫자 1을 가리키면 □분을 나타냅니다.

(2) 시계의 긴바늘이 숫자 3을 가리키면 □분을 나타냅니다.

(3) 시계의 긴바늘이 숫자 11을 가리키면 □분을 나타냅니다.

1-2 □ 안에 알맞은 수를 써넣으세요.

오른쪽 시계의 긴 바늘은 □분을 나타냅니다.

1-3 □ 안에 알맞게 써넣으세요.

시계에서 긴바늘이 가리키는 작은 눈금 1칸은 □을 나타냅니다.

[대표유형]

1-4 시계를 보고 □ 안에 알맞은 수를 써넣으세요.

(1) 짧은바늘은 □와 □ 사이를 가리키고 있습니다.

(2) 긴바늘은 □을 가리키고 있습니다.

(3) 시계가 나타내는 시각은 □시 □분입니다.

[잘 틀려요]

1-5 시각을 각각 읽어 보세요.

(1)   (2)

□시 □분   □시 □분

1-6 같은 시각끼리 선으로 이어 보세요.

1-7 오른쪽 시계에 1시 25분을 나타내려고 합니다. 물음에 답하세요.

(1) 짧은바늘은 숫자 몇과 몇 사이에 그려야 합니까?

( )과 ( ) 사이

(2) 긴바늘은 숫자 몇을 가리키도록 그려야 합니까?

( )

(3) 위 시각을 시계에 나타내 보세요.

1-8 예슬이가 학교에 도착한 시각에 맞도록 시계에 긴바늘을 그려 넣으세요.

예슬이는 오늘 학교에 **8**시 **35**분에 도착하였습니다.

1-9 시각에 맞게 시곗바늘을 그려 넣으세요.

(1) **7**시 **16**분 (2) **3**시 **47**분

유형 **2** 여러 가지 방법으로 시각 읽어 보기

2시 55분을 3시 5분 전이라고도 합니다.

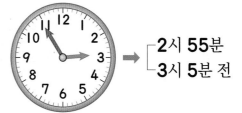 → ┌**2**시 **55**분
└**3**시 **5**분 전

2-1 오른쪽 시계를 보고 시각을 **2**가지 방법으로 읽어 보세요.

┌ □시 □분
└ □시 □분 전

2-2 □ 안에 알맞은 수를 써넣으세요.

(1) **11**시 **55**분은 □시 □분 전입니다.

(2) **3**시 **10**분 전은 □시 □분입니다.

4. 시각과 시간 ◆ **111**

유형 **3** | 시간 알아보기, 걸린 시간 알아보기

- 시계의 긴바늘이 한 바퀴 도는 데 걸리는 시간은 60분입니다.
- 60분은 1시간입니다.
- 사건의 경과에 따른 걸린 시간을 몇 시간 몇 분, 또는 몇 분으로 나타낼 수 있습니다.

대표유형

3-1 동민이가 오후에 운동을 시작한 시각과 마친 시각을 나타낸 것입니다. □ 안에 알맞은 수를 써넣으세요.

시작한 시각 　　　　　 마친 시각

(1) 운동을 시작한 시각은 □시입니다.

(2) 운동을 마친 시각은 □시 □분입니다.

(3) 동민이가 운동을 한 시간은 □분입니다.

3-2 □ 안에 알맞은 수를 써넣으세요.

(1) **2**시간 **30**분= □ 분

(2) **130**분= □ 시간 □ 분

3-3 어느 날 상연이가 산에 오르기 시작한 시각과 정상에 오른 시각을 나타낸 것입니다. 상연이가 산을 오르는 데 걸린 시간은 몇 시간인가요?

산에 오르기 시작한 시각　　정상에 오른 시각

(　　　　　)시간

시험에 잘 나와요

3-4 지혜가 오후에 동화책 읽기를 시작한 시각과 마친 시각을 각각 나타낸 것입니다. 지혜가 동화책을 읽은 시간은 몇 시간 몇 분인가요?

시작한 시각 　　　　　 마친 시각

(　　　　)시간 (　　　　)분

3-5 석기는 매일 **50**분씩 수영을 합니다. 오늘은 **4**시 **30**분부터 수영을 했다면 수영이 끝난 시각은 몇 시 몇 분인가요?

(　　　　)시 (　　　　)분

유형 4 하루의 시간 알아보기

- 하루는 **24**시간입니다.

> **1**일=**24**시간

- 전날 밤 **12**시부터 낮 **12**시까지를 오전이라 하고 낮 **12**시부터 밤 **12**시까지를 오후라고 합니다.

대표유형

4-1 □ 안에 오전과 오후를 알맞게 써넣으세요.

(1) 한별이는 [ ] **7**시 **30**분에 아침 식사를 합니다.

(2) 효근이는 [ ] **2**시 **30**분에 학원에 갑니다.

4-2 ( ) 안에 오전과 오후를 알맞게 써넣으세요.

(1) 저녁 **11**시 ( )

(2) 아침 **10**시 ( )

(3) 새벽 **5**시 ( )

(4) 낮 **3**시 ( )

4-3 영수는 오전 **9**시부터 오후 **2**시까지 학교에서 생활하였습니다. 영수가 학교에서 생활한 시간을 시간 띠에 나타내고, 학교에서 생활한 시간을 구하세요.

(오전)
12 1 2 3 4 5 6 7 8 9 10 11 12

1 2 3 4 5 6 7 8 9 10 11 12
(오후)

( )시간

시험에 잘 나와요

4-4 □ 안에 알맞은 수를 써넣으세요.

(1) **1**일= [ ] 시간

(2) **48**시간= [ ] 일

(3) **1**일 **4**시간= [ ] 시간

👑 가영이네 가족의 여행 일정표를 보고 물음에 답하세요. [4-5∼4-6]

여행 일정표

시간	할일
8 : 00∼9 : 00	제주도로 이동
9 : 00∼12 : 00	성산일출봉 등반
12 : 00∼1 : 00	점심 식사
⋮	⋮
7 : 30∼8 : 30	용두암 구경
8 : 30∼9 : 00	숙소로 이동

4-5 알맞은 말에 ○ 하세요.

> 가영이네 가족은 (오전, 오후)에는 성산일출봉을 등반했고, (오전, 오후)에는 용두암을 구경했습니다.

4-6 가영이네 가족이 성산일출봉 등반을 시작할 때부터 용두암 구경을 마칠 때까지 걸린 시간은 모두 몇 시간 몇 분인가요?

( )시간 ( )분

유형 5 달력 알아보기

- 1주일은 7일입니다.
- 1년은 12개월입니다.
- 각 달의 날수

월	1	2	3	4	5	6
날수(일)	31	28 (29)	31	30	31	30

월	7	8	9	10	11	12
날수(일)	31	31	30	31	30	31

대표유형

5-1 어느 해 5월의 달력을 보고 □ 안에 알맞은 수나 말을 써넣으세요.

일	월	화	수	목	금	토
			1	2	3	4
5	6	7	8	9	10	11
12	13	14	15	16	17	18
19	20	21	22	23	24	25
26	27	28	29	30	31	

(1) 이 달의 토요일은 4일, □일, □일, □일입니다.

(2) 이 달의 24일은 □요일입니다.

시험에 잘 나와요

5-2 □ 안에 알맞은 수를 써넣으세요.

(1) 4주일= □ 일

(2) 3주일 4일= □ 일

(3) 3년= □ 개월

(4) 2년 5개월= □ 개월

5-3 각 달과 그달의 날수가 바르게 짝지어진 것은 어느 것인가요? ( )

① 4월−28일 　② 1월−31일
③ 8월−30일 　④ 2월−30일
⑤ 9월−31일

5-4 영수는 태권도를 3년 2개월 동안 배웠습니다. 영수가 태권도를 배운 기간은 몇 개월인가요?

( )개월

5-5 예슬이의 생일은 4월 9일이고 지혜의 생일은 예슬이의 생일에서 2주일 후입니다. 지혜의 생일은 몇 월 며칠인가요?

( )월 ( )일

잘 틀려요

5-6 8월 6일은 수요일입니다. 상연이가 매주 수요일에 수영장을 간다면 8월에 수영장에 가는 횟수는 몇 번인가요?

( )번

1 시계의 짧은바늘은 **12**와 **1** 사이를 가리키고, 긴바늘이 **6**에서 작은 눈금으로 **3**칸 더 간 곳을 가리키면 몇 시 몇 분인가요?

( )시 ( )분

2 시각을 시계에 나타내고 그 시각에 한 일을 이야기해 보세요.

10시 15분

3 시계가 나타내는 시각에서 긴바늘이 작은 눈금 **10**칸을 더 움직이면 몇 시 몇 분인가요?

( )시 ( )분

4 □ 안에 알맞은 수나 말을 써넣어 **8**시 **45**분을 설명해 보세요.

시계의 □바늘이 □과 □ 사이에 있고, □바늘이 □를 가리키면 **8**시 **45**분입니다.

5 오른쪽 시계를 보고 옳게 말한 사람을 찾아 이름을 쓰세요.

상연 : **10**시 **45**분이야.
웅이 : **10**시 **15**분 전이라고 말할 수 있어.
지혜 : **10**시가 되려면 **10**분이 더 지나야 해.

( )

6 대화를 보고 더 일찍 일어난 사람을 찾아 이름을 쓰세요.

영수 : 나는 오늘 아침 **6**시 **50**분에 일어났어.
가영 : 나는 오늘 아침 **7**시 **15**분 전에 일어났어.

( )

7 다음은 한솔이가 오전 중 시작한 일의 시각을 시계에 나타낸 것입니다. 시계를 보고 한솔이가 한 일을 순서대로 쓰세요.

양치질을 시작한 시각	운동을 시작한 시각	책 읽기를 시작한 시각

( )

8 시각을 잘못 읽은 이유를 쓰고, 시각을 바르게 쓰세요.

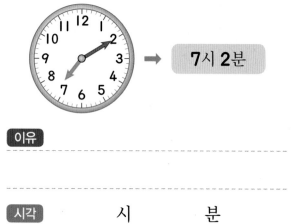

→ **7**시 **2**분

이유

시각   시   분

9 거울에 비친 시계를 보고 이 시계가 나타내는 시각은 몇 시 몇 분인지 구하세요.

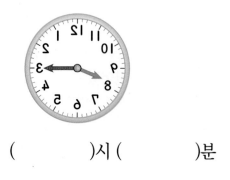

( )시 ( )분

10 시계에서 짧은바늘이 숫자 **3**에서 **8**까지 가는 동안 긴바늘은 몇 바퀴를 도는지 구하세요.

( )바퀴

11 가장 짧은 시간을 찾아 기호를 쓰세요.

> ㉠ **2**시간   ㉡ **2**시간 **30**분
> ㉢ **110**분   ㉣ **300**분

( )

12 동민이와 석기가 오후에 책을 읽기 시작한 시각과 마친 시각입니다. 책을 더 오래 읽은 사람은 누구인가요?

	시작한 시각	마친 시각
동민	4시 30분	5시 20분
석기	4시 45분	5시 45분

( )

13 왼쪽 시계가 나타내는 시각에서 **4**시간 전의 시각을 오른쪽 시계에 나타내세요.

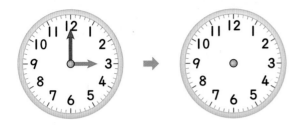

16 효근이는 오전 **8**시에 학교에 가서 오후 **3**시에 집에 왔습니다. 효근이가 학교에 다녀올 때까지 걸린 시간은 모두 몇 시간인가요?

(   )시간

14 오른쪽 시계는 한별이가 운동을 마친 시각을 나타낸 것입니다. **55**분 동안 운동을 하였다면 한별이가 운동을 시작한 시각은 몇 시 몇 분인가요?

(   )시 (   )분

17 축구 경기가 오후 **2**시에 시작한다고 할 때, 축구 경기가 끝나는 시각은 몇 시 몇 분인가요?

전반전 경기 시간	45분
휴식 시간	15분
후반전 경기 시간	45분

오후 (   )시 (   )분

15 영화가 **3**시 **20**분에 끝났습니다. 영화 상영 시간이 **1**시간 **30**분일 때, 영화가 시작한 시각은 몇 시 몇 분인가요?

(   )시 (   )분

18 오늘은 **9**일 오후 **3**시입니다. 짧은바늘이 한 바퀴 돌면 며칠 오전 또는 오후 몇 시인가요?

☐일 (오전, 오후) ☐시

👑 어느 해 11월의 달력을 보고 물음에 답하세요.
[19~20]

일	월	화	수	목	금	토
		1	2	3	4	5
6	7	8				

19 이 달의 30일은 무슨 요일인가요?

(   )

20 이 달의 9일부터 17일 후는 무슨 요일인 가요?

(   )

21 피아노를 예슬이는 2년 4개월, 지혜는 26개월 동안 배웠습니다. 피아노를 누가 몇 개월 더 배웠나요?

(   )가 (   )개월

22 한솔이의 시계는 1시간 동안 1분씩 빨라 집니다. 한솔이가 오전 9시에 시계를 정 확하게 맞췄을 때, 같은 날 오후 9시에 시계가 가리키는 시각은 오후 몇 시 몇 분 인가요?

오후 (   )시 (   )분

23 예슬이네 학교는 7월 25일부터 31일 동안 여름 방학 기간입니다. 여름 방학이 끝나는 개학식은 몇 월 며칠인가요?

(   )월 (   )일

24 예슬이의 생일은 8월 12일입니다. 오늘 이 7월 19일이라면 예슬이의 생일은 몇 주일 며칠이 남았나요?

(   )주일 (   )일

유형 1

한솔이는 **35**분 동안 수학 공부를 하고 **25**분 동안 영어 공부를 한 후 시계를 보았더니 **8**시 **30**분이었습니다. 한솔이가 공부를 시작한 시각은 몇 시 몇 분인지 풀이 과정을 쓰고 답을 구하세요.

풀이 한솔이가 공부를 한 시간은 ☐ + ☐ = ☐ (분)입니다.

따라서 한솔이가 공부를 시작한 시각은 **8**시 **30**분의 ☐ 분 전인

☐ 시 ☐ 분입니다.

답 ☐ 시 ☐ 분

예제 1

영수는 **40**분 동안 드라마를 보고 **20**분 동안 책을 읽은 후 시계를 보았더니 **5**시 **15**분이었습니다. 영수가 드라마를 보기 시작한 시각은 몇 시 몇 분인지 풀이 과정을 쓰고 답을 구하세요. [5점]

설명

답 ____ 시 ____ 분

유형**2**

상연이네 가족은 매주 월요일에 대청소를 합니다. 4월 1일이 금요일이면 4월에는 대청소를 모두 몇 번 할 수 있는지 풀이 과정을 쓰고 답을 구하세요.

풀이 4월의 첫째 월요일은 ☐일입니다.

따라서 이번 달의 월요일은 ☐일, ☐일, ☐일, ☐일이므로

대청소를 모두 ☐번 할 수 있습니다.

답 ☐번

예제**2**

예슬이는 매주 수요일에 피아노 학원을 갑니다. 8월 1일이 토요일이면 8월에는 피아노 학원을 모두 몇 번 갈 수 있는지 풀이 과정을 쓰고 답을 구하세요. [5점]

설명

답 _____ 번

놀이 수학

👑 동민, 한별, 영수가 같은 시각 찾기 놀이를 합니다. 물음에 답하세요. [1~2]

준비물

시계 그림 카드, 시각 카드

놀이 방법

① 각자 시계 그림 카드의 시각을 읽고 시각 카드 **2**장에 시각을 써넣습니다.
② 시계 그림 카드와 시각 카드를 뒤집어 섞은 후 **3**장씩 나누어 가집니다.
③ "하나, 둘, 셋"과 동시에 가지고 있는 카드 **1**장을 뒤집은 채 자신의 오른쪽에 있는 사람에게 줍니다. 한 사람이 같은 시각을 나타내는 카드 **3**장을 갖게 될 때까지 반복합니다.
④ 자신이 가진 카드 **3**장이 모두 같은 시각을 나타내면 "성공"을 외치고 친구들에게 자신의 카드를 보여 주면 이깁니다.

동민이가 가진 카드   한별이가 가진 카드

영수가 가진 카드

1 동민, 한별, 영수가 가진 카드가 위 그림과 같아졌을 때 놀이에서 이긴 사람은 누구인가요?

(   )

2 진 사람의 카드 중 다른 시각을 나타내는 카드를 찾아 × 하세요.

1 □ 안에 알맞은 수를 써넣으세요.

(3)점

> 시계의 긴바늘이 **8**을 가리키면 □분입니다.

2 시각을 각각 읽어 보세요.

(4)점

(1)

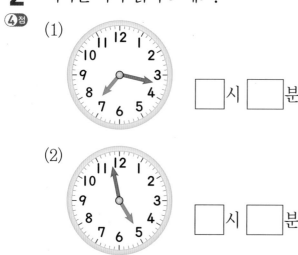

□시 □분

(2)

□시 □분

3 시각에 맞도록 시계에 긴바늘을 그려 넣으세요.

(4)점

(1)

2시 **33**분

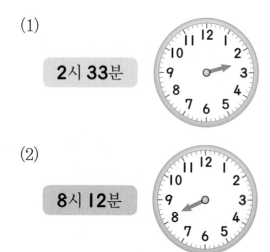

(2)

8시 **12**분

4 시각을 읽어 보세요.

(3)점

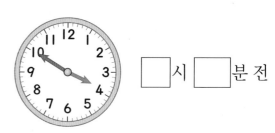

□시 □분 전

5 효근이가 오후에 공부를 시작한 시각과 마친 시각을 각각 나타낸 것입니다. □ 안에 알맞은 수를 써넣으세요.

(4)점

시작한 시각 → 마친 시각

(1) 공부를 시작한 시각은 □시 □분입니다.

(2) 공부를 마친 시각은 □시 □분입니다.

(3) 효근이는 공부를 □시간 □분 동안 하였습니다.

6 □ 안에 알맞은 수를 써넣으세요.

(4)점

(1) **1**시간 **45**분 = □분

(2) **85**분 = □시간 □분

7 오른쪽 시계에 시계의 긴바늘을 그려 넣
③점 으세요.

30분 후

8 다음 중 한 달의 날수가 **30**일인 달은
③점 어느 달인가요? (   )

① **1**월   ② **3**월   ③ **4**월

④ **5**월   ⑤ **7**월

9 색칠한 부분은 지혜가 독서를 한 시간을
④점 나타낸 것입니다. 지혜가 독서를 한 시
간은 몇 시간인가요?

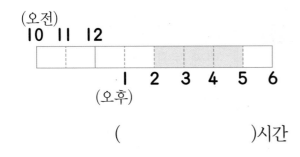

(   )시간

10 □ 안에 알맞은 수를 써넣으세요.
④점

(1) **3**주일＝□일

(2) **18**일＝□주일 □일

(3) **1**년 **2**개월＝□개월

(4) **25**개월＝□년 □개월

👑 어느 해의 **3**월 달력입니다. 물음에 답하세요.
[**11~13**]

일	월	화	수	목	금	토
		1	2	3	4	5
6	7	8	9	10	11	12
13	14	15	16			

11 달력에서 같은 요일은 며칠마다 반복되
④점 나요?

(   )일

12 이 달의 셋째 일요일은 며칠인가요?
④점

(   )일

13 이 달의 월요일인 날짜를 모두 쓰세요.
④점 (   )

14 거울에 비친 시계를 보고 시각을 읽어
④점 보세요.

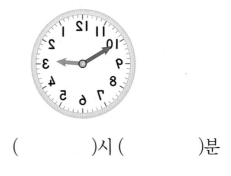

(   )시 (   )분

15 **1**일이 목요일이고 **31**일까지 있는 달의
(4점) 달력을 만들어 보세요.

일	월	화	수	목	금	토

16 한솔이와 영수가 교실에 도착한 시각입
(4점) 니다. 교실에 먼저 도착한 사람은 누구
인가요?

> • 한솔 : **8**시 **10**분 전
> • 영수 : **7**시 **52**분

(   )

17 지혜는 **7**시 **30**분에 일어나서 **27**분 동
(4점) 안 아침 체조를 하였습니다. 아침 체조를
마친 시각을 시계에 나타내세요.

18 한별이의 생일은 **5**월 **2**일입니다. 한별
(4점) 이의 생일부터 **3**주일 후는 동생의 생일
입니다. 동생의 생일은 몇 월 며칠인
가요?

(   )월 (   )일

19 운동 경기가 오후 **3**시 **15**분에 시작되
(4점) 어 오후 **4**시 **50**분에 끝났습니다. 운동
경기를 한 시간은 몇 분인가요?

(   )분

20 어느 달의 첫째 월요일이 **1**일이라고 할
(4점) 때, 넷째 토요일은 며칠인가요?

(   )일

21 전시회는 **8**월 **22**일부터 **9**월 **30**일까
(4점) 지 합니다. 전시회를 하는 기간은 며칠
인가요?

(   )일

22 3월 1일이 토요일이라면 이 달의 25일
⑤점 은 무슨 요일인지 풀이 과정을 쓰고 답
을 구하세요.

📖풀이

📁답 _____

23 솔별이는 지난 일요일에 가족과 함께 공
⑤점 원에 다녀왔습니다. 시계를 보고 집을
출발한 후부터 집에 도착할 때까지 걸린
시간은 몇 시간 몇 분인지 풀이 과정을
쓰고 답을 구하세요.

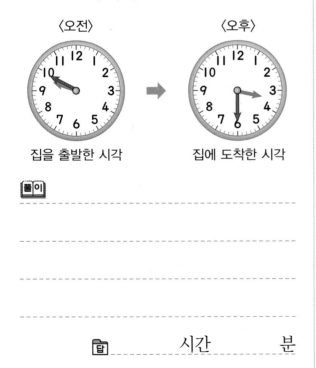

〈오전〉   〈오후〉

집을 출발한 시각   집에 도착한 시각

📖풀이

📁답 _____ 시간 _____ 분

24 가영이는 발레를 2년 7개월 동안 배웠
⑤점 습니다. 가영이는 발레를 몇 개월 동안
배웠는지 풀이 과정을 쓰고 답을 구하
세요.

📖풀이

📁답 _____ 개월

25 웅이는 오후 5시 20분에 숙제를 하기
⑤점 시작하여 시계의 긴바늘이 한 바퀴 반을
돌았을 때 숙제를 마쳤습니다. 웅이가
숙제를 마친 시각은 오후 몇 시 몇 분인
지 풀이 과정을 쓰고 답을 구하세요.

📖풀이

📁답 오후 _____ 시 _____ 분

① 예슬이의 성장 이야기를 완성하고 친구들에게 말해 보세요.

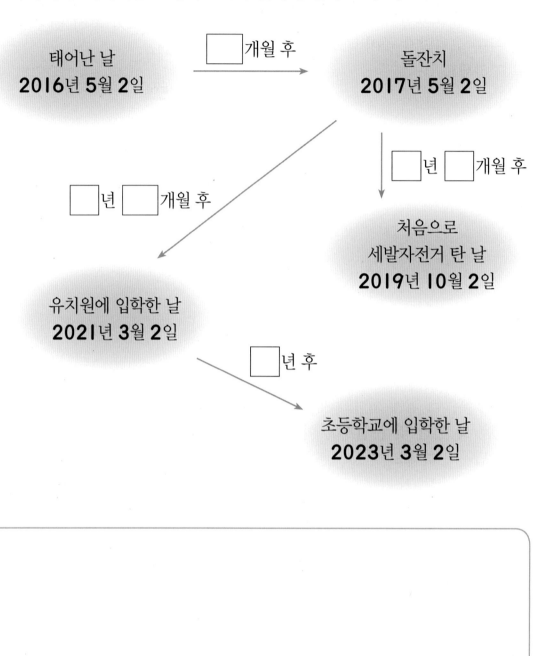

태어난 날
2016년 5월 2일

☐개월 후

돌잔치
2017년 5월 2일

☐년 ☐개월 후

☐년 ☐개월 후

처음으로
세발자전거 탄 날
2019년 10월 2일

유치원에 입학한 날
2021년 3월 2일

☐년 후

초등학교에 입학한 날
2023년 3월 2일

우유가 만들어지는 과정

안녕하세요. 저는 건강우유 회사 사장입니다.

우리 회사는 여러분께 늘 신선하고 맛이 좋은 우유를 공급하기 위해 최선을 다하고 있습니다. 그래서 오늘은 특별히 사장인 제가 우유가 만들어지는 과정을 꼼꼼하게 살펴보기로 하였습니다.

먼저 저는 새벽 일찍 건강우유 목장에 왔습니다. 이곳에서 일하는 직원들이 정성껏 젖소를 돌보면서 우유를 짜고 있습니다.

"우유 한 통을 짜는 데 몇 분이 걸리는지 시간을 재어 봅시다. 지금 시각이 **8**시니까, 어디 한 번 재어 볼까요?"

목장의 직원은 정성스럽게 젖을 짜기 시작했습니다. 조금 후에 젖소가 우유 한 통을 가득 채웠습니다.

"긴바늘이 숫자 **1**, **2**, **3**, ……을 가리키면 각각 **5**분, **10**분, **15**분, ……을 나타내니까, 지금 시각은 **8**시 **50**분이네요."

"사장님, 우유를 짜는 데 **50**분이 걸렸습니다. 천천히 젖을 짰기 때문에 젖소가 스트레스를 덜 받아서 우유가 더 신선할 겁니다."

"그래요! 훌륭하십니다."

저는 목장에서 일하는 직원들의 정성을 보고 우리 제품에 더욱 더 자신감이 생겼습니다. 그리고 곧 운전 기사님과 함께 트럭에 우유를 싣고 **9**시 **10**분에 목장을 떠나 공장으로 이동을 했습니다.

"기사님, 공장까지는 시간이 얼마나 걸리나요?"

"공장에는 **10**시 **10**분 전에 도착할 예정입니다."

"**10**시에서 **10**분이 모자란 시각에 도착한다는 건가요? 다시 말해 **9**시 **50**분에 도착할 거란 말씀이시죠?" "네, 그렇습니다."

한참을 지나 우리는 우유 공장에 도착했습니다.

저는 시계를 보았습니다.

출발한 시각 ➡ 도착한 시각

"출발한 시각이 9시 10분이고 도착한 시각이 9시 50분이면 40분 걸렸습니다."

저는 우리 회사의 우유가 왜 인기가 많은지 알게 되었습니다.

목장에서 우유를 짜기 시작해서 사람들이 슈퍼마켓에 가서 우유를 사기까지 우리 회사 직원들의 수많은 노력과 정성이 있었기 때문이었습니다.

그뿐만이 아닙니다. 오후 6시부터 다음 날 오전 6시까지 젖소를 돌보고 우유병을 준비하는 등 다음 날을 준비하는 과정이 쉴 새 없이 계속됩니다.

이렇게 하루 24시간을 꼼꼼하게 계획하고 실천하는 직원들의 노력으로 우리 회사가 이렇게 성장했다는 게 고마울 따름입니다.

저는 달력을 보면서 올 한 해를 떠올려 보았습니다.

벌써 11월이네요. 1년이 12개월이니까 이제 올 한 해도 2개월밖에 남지 않았습니다.

저는 직원들이 즐겁고 행복하게 일할 수 있도록 노력하겠습니다.

오늘이 1일 월요일이네요. 1주일은 7일이니까, 1주일 후인 8일이 회사 기념일입니다. 직원들에게 보너스를 크게 지급해야겠습니다.

저는 더더욱 노력과 정성을 다해 우리 건강우유가 사람들에게 더 큰 사랑을 받을 수 있도록 최선을 다하겠습니다.

😊 1시간은 몇 분인지, 하루는 몇 시간인지 친구들과 함께 이야기해 보세요.

1주일은 며칠인지, 1년은 몇 개월인지 친구들과 함께 이야기해 보세요.

표와 그래프

이번에 배울 내용

1 표로 나타내기

2 그래프로 나타내기

3 표와 그래프의 내용 알아보고 나타내기

◀ 이전에 배운 내용

- 분류하기
- 분류하여 세어 보기

▶ 다음에 배울 내용

- 막대그래프로 나타내기
- 그림그래프로 나타내기

자료를 보고 표로 나타내기

• 영수네 반 학생들이 좋아하는 과일을 조사하였습니다.

반 학생들이 좋아하는 과일

영수	석기	효근	지혜	한별	예슬	웅이	선희	재민	효수
가영	동민	한솔	상현	혜림	영은	승민	민혁	정은	서연

• 영수네 반 학생들이 좋아하는 과일을 보고 좋아하는 과일별로 학생들의 이름을 써 봅니다.

사과	귤	배	포도	바나나
영수, 한별, 동민, 영은, 민혁	석기, 지혜, 예슬, 웅이, 재민, 효수, 한솔	가영, 서연	효근, 승민, 정은	선희, 상현, 혜림

• 영수네 반 학생들이 좋아하는 과일을 표로 나타내 봅니다.

좋아하는 과일별 학생 수

과일	사과	귤	배	포도	바나나	합계
학생 수(명)	5	7	2	3	3	20

개념잡기

• 표로 나타내었을 때 좋은 점
 ① 좋아하는 과일별 학생 수를 한눈에 알아보기 쉽습니다.
 ② 전체 학생 수를 쉽게 알 수 있습니다.

개념확인 1

학생들이 좋아하는 꽃을 조사하였습니다. 조사한 것을 보고 표로 나타내 보세요.

학생들이 좋아하는 꽃

지혜	현수	아람	가영	은지	현영	영주
훈석	세영	정우	지환	한별	민철	현아

해바라기
장미
백합
튤립

좋아하는 꽃별 학생 수

꽃	해바라기	장미	백합	튤립	합계
학생 수(명)	4		3		

기본 문제를 통해 교과서 개념을 다져요.

👑 학생들이 좋아하는 동물을 조사하였습니다. 물음에 답하세요. [1~2]

좋아하는 동물

이름	동물	이름	동물	이름	동물
웅이	강아지	세진	토끼	준서	강아지
범준	토끼	예슬	고양이	성아	강아지
유미	고양이	규로	강아지	수지	토끼
승철	햄스터	진성	고양이	동훈	햄스터

1 학생들이 좋아하는 동물을 보고 학생들의 이름을 써 보세요.

강아지

웅이, 규로,
준서, 성아

토끼

고양이

햄스터

⭐중요
2 좋아하는 동물별 학생 수를 표로 나타내 보세요.

좋아하는 동물별 학생 수

동물	강아지	토끼	고양이	햄스터	합계
학생 수(명)					

3 우리 반 친구들이 좋아하는 과목을 조사하는 방법으로 어떤 것이 좋은지 알아보려고 합니다. 알맞게 설명한 것을 찾아 기호를 쓰세요.

> ㉠ 선생님께 여쭤 봅니다.
> ㉡ 한 사람씩 물어보고 외운 후 표로 정리합니다.
> ㉢ 친구들 모두에게 물어서 종이에 적은 후 표로 정리합니다.

( )

👑 영수의 가방에 들어 있는 학용품입니다. 물음에 답하세요. [4~5]

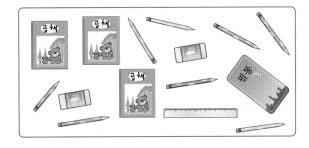

4 영수의 가방에 들어 있는 학용품의 종류는 몇 가지인가요?

( )가지

5 종류별 학용품의 개수를 표로 나타내 보세요.

종류별 학용품의 개수

학용품	연필	지우개	자	공책	필통	합계
개수(개)						

☞ 그래프로 나타내기

예슬이네 반 학생들이 좋아하는 색깔을 조사하여 나타낸 표입니다.

좋아하는 색깔별 학생 수

색깔	초록색	파란색	분홍색	노란색	빨간색	합계
학생 수(명)	4	6	2	3	5	20

표를 보고 ○를 사용하여 그래프로 나타내 봅니다.

좋아하는 색깔별 학생 수

종류별 학생 수만큼 아래에서 위로 ○ 또는 ×, / 등을 한 칸에 하나씩 차례로 그립니다.

학생 수(명) \ 색깔	초록색	파란색	분홍색	노란색	빨간색
6			○		
5			○		○
4	○		○		○
3	○		○	○	○
2	○		○	○	○
1	○	○	○	○	○

➡ 색깔별로 좋아하는 학생 수의 많고 적음을 한눈에 알아볼 수 있습니다.

개념잡기

◇ 그래프로 나타내는 방법

① 그래프의 가로와 세로에 각각 무엇을 나타낼지 정합니다.
② 좋아하는 종류별 학생 수만큼 ○를 그립니다.
③ ○는 아래에서 위로 한 칸에 하나씩 차례로 그립니다.

---

1 개념확인 학생들의 취미를 조사하여 표로 나타내었습니다. 표를 보고 그래프로 나타내 보세요.

취미별 학생 수

취미	운동	독서	게임	노래	합계
학생 수(명)	4	2	3	1	10

취미별 학생 수

학생 수(명) \ 취미	운동	독서	게임	노래
4	○			
3	○			
2	○			
1	○			○

단원
5

👑 영수네 반 학생들이 좋아하는 민속놀이를 조사하여 표로 나타내었습니다. 물음에 답하세요. [1~3]

좋아하는 민속놀이별 학생 수

민속놀이	윷놀이	연날리기	팽이치기	제기차기	합계
학생 수(명)	8	3	5	6	22

❶ 그래프에 팽이치기를 좋아하는 학생 수만큼 ○를 그리려면 몇 개를 그려야 하나요?

( )개

⭐중요
❷ 조사하여 만든 표를 보고 ○를 사용하여 그래프로 나타내 보세요.

좋아하는 민속놀이별 학생 수

8				
7				
6				
5				
4				
3				
2				
1				
학생 수(명) / 민속놀이	윷놀이	연날리기	팽이치기	제기차기

❸ 가장 많은 학생이 좋아하는 민속놀이와 그 민속놀이를 좋아하는 학생 수를 구하세요.

( ), ( )명

👑 다음은 한별이네 반 학생들이 가 보고 싶어 하는 나라를 조사하여 표로 나타내었습니다. 물음에 답하세요. [4~6]

가 보고 싶어 하는 나라별 학생 수

나라	미국	일본	중국	영국	합계
학생 수(명)	6	5	7	3	

❹ 모두 몇 명의 학생을 조사했나요?

( )명

❺ 조사하여 만든 표를 보고 그래프로 나타내려고 합니다. 가로에 나라를, 세로에 학생 수를 적으려고 할 때, 세로는 몇 칸까지 나타낼 수 있어야 하나요?

( )칸

❻ 조사하여 만든 표를 보고, ×를 사용하여 그래프로 나타내 보세요.

가 보고 싶어 하는 나라별 학생 수

7				
6				
5				
4				
3				
2				
1				
학생 수(명) / 나라	미국	일본	중국	영국

3. 표와 그래프의 내용 알아보고 나타내기

◎ 표와 그래프의 내용 알아보기

한솔이네 반 학생들이 좋아하는 음료수를 조사하여 표와 그래프로 나타내었습니다.

좋아하는 음료수

이름	음료수	이름	음료수	이름	음료수	이름	음료수
한솔	주스	충석	주스	민우	우유	혁재	콜라
경미	콜라	가영	주스	지윤	사이다	웅이	주스
석기	우유	윤호	사이다	지혜	주스	재웅	사이다
영애	사이다	민성	우유	유진	콜라	지선	콜라

좋아하는 음료수별 학생 수

음료수	주스	콜라	우유	사이다	합계
학생 수(명)	5	4	3	4	16

- **표로 나타내면 편리한 점**
  조사한 종류별 자료의 수와 전체 자료의 수를 쉽게 알 수 있습니다.

- **그래프로 나타내면 편리한 점**
  그래프에서 ○의 높이를 보고 가장 많은 것과 가장 적은 것을 한눈에 쉽게 알 수 있습니다.

좋아하는 음료수별 학생 수

학생 수(명)\음료수	주스	콜라	우유	사이다
5	○			
4	○	○		○
3	○	○	○	○
2	○	○	○	○
1	○	○	○	○

가장 많은 학생이 좋아하는 음료수는 주스입니다.

가장 적은 학생이 좋아하는 음료수는 우유입니다.

개념잡기

- 조사한 내용을 표로 나타내면 각 종류별 수와 전체 수를 쉽게 알 수 있습니다.
- 조사한 내용을 그래프로 나타내면 가장 많은 것, 가장 적은 것을 한눈에 알아보기 편리합니다.

---

1 개념확인

지혜가 한 달 동안 읽은 책의 종류를 조사하여 나타낸 그래프를 보고 □ 안에 알맞은 말을 써넣으세요.

한 달 동안 읽은 종류별 책 수

책 수(권)\종류	동화책	과학책	위인전	역사책
4		○		
3	○	○		○
2	○	○	○	○
1	○	○	○	○

지혜가 한 달 동안 가장 많이 읽은 책은 □ 이고, 가장 적게 읽은 책은 □ 입니다.

기본 문제를 통해 교과서 개념을 다져요.

👑 학생들이 좋아하는 꽃을 조사하여 나타내었습니다. 물음에 답하세요. [1~3]

좋아하는 꽃

이름	꽃	이름	꽃	이름	꽃
영수	백합	예슬	민들레	보용	백합
동민	민들레	순현	장미	한미	장미
아영	장미	한초	백합	경이	장미
수지	국화	윤서	민들레	민재	국화

1 조사한 것을 보고 표로 나타내 보세요.

좋아하는 꽃별 학생 수

꽃	백합	민들레	장미	국화	합계
학생 수(명)					

2 **1**의 표를 보고 ○를 사용하여 그래프로 나타내 보세요.

좋아하는 꽃별 학생 수

4				
3				
2				
1				
학생 수(명) ＼ 꽃	백합	민들레	장미	국화

3 가장 많은 학생이 좋아하는 꽃의 이름을 쓰세요.

( )

4 그래프로 나타내면 편리한 점을 찾아 기호를 쓰세요.

> ㉠ 각 종류별 수와 전체 수를 쉽게 알 수 있습니다.
> ㉡ 가장 많은 것과 가장 적은 것을 쉽게 알 수 있습니다.

( )

👑 석기가 3월부터 7월까지 흐린 날 수를 조사하여 나타낸 그래프입니다. 물음에 답하세요. [5~6]

월별 흐린 날 수

8		○			
7		○		○	
6		○		○	
5		○		○	○
4		○	○	○	○
3		○	○	○	○
2	○	○	○	○	○
1	○	○	○	○	○
날 수(일) ＼ 월	3	4	5	6	7

5 흐린 날이 가장 많은 달은 몇 월인가요?

( )월

6 흐린 날이 가장 많은 달과 흐린 날이 가장 적은 달의 흐린 날의 차는 며칠인가요?

( )일

유형 1 표로 나타내기

좋아하는 케이크

영수	지혜	한별	한솔	상연
동민	준성	재웅	혜수	민지

좋아하는 케이크별 학생 수

케이크	초콜릿	바닐라	딸기	합계
학생 수(명)	5	2	3	10

어떤 케이크를 몇 명이 좋아하는지 쉽게 알 수 있습니다.

👑 학생들이 좋아하는 장난감을 조사하여 나타내었습니다. 물음에 답하세요. [1-1 ~ 1-3]

좋아하는 장난감

웅이	인주	수정	현수
연지	지혜	미리	수지
석기	용호	미정	동규

1-1 로봇을 좋아하는 학생은 몇 명인가요?

( )명

1-2 학생들이 좋아하는 장난감의 종류는 모두 몇 가지인가요?

( )가지

1-3 좋아하는 장난감별 학생 수를 세어 표로 나타내 보세요.

좋아하는 장난감별 학생 수

장난감	로봇	자동차	구슬	합계
학생 수(명)				

👑 웅이의 어머니께서 사 오신 채소들입니다. 물음에 답하세요. [1-4 ~ 1-6]

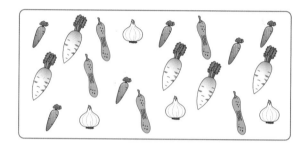

1-4 웅이의 어머니께서 사 오신 당근은 몇 개인가요?

( )개

1-5 웅이의 어머니께서 사 오신 채소는 모두 몇 개인가요?

( )개

1-6 종류별 채소의 개수를 세어 표로 나타내 보세요.

종류별 채소의 개수

채소	당근	오이	양파	무	합계
개수(개)					

1-7 학생들이 좋아하는 운동을 조사하여 나타내었습니다. 좋아하는 운동별 학생 수를 세어 표로 나타내 보세요.

좋아하는 운동

이름	운동	이름	운동	이름	운동
한별	야구	동민	농구	가영	야구
지혜	농구	영수	피구	상연	피구
예슬	축구	석기	야구	효근	피구
한솔	야구	신영	농구	웅이	축구

좋아하는 운동별 학생 수

운동	야구	농구	축구	피구	합계
학생 수(명)					

1-8 석기네 모둠 학생들이 집에서 기르고 있는 동물을 조사하여 표로 나타내었습니다. 영수가 기르는 동물은 무엇인가요?

집에서 기르고 있는 동물

이름	동물	이름	동물
석기	강아지	승우	고양이
미정	고양이	영수	
광현	새	은이	고양이
진주	강아지	선주	새
대희	햄스터	지훈	강아지

집에서 기르고 있는 동물별 학생 수

동물	강아지	햄스터	새	고양이	합계
학생 수(명)	3	2	2	3	10

( )

1-9 예슬이네 모둠 학생들의 이름에 있는 낱자의 개수를 세어 표로 나타내 보세요.

> 내 이름 김예슬에 있는 낱자는 ㄱ, ㅣ, ㅁ, ㅇ, ㅖ, ㅅ, ㅡ, ㄹ이야. 그럼 낱자의 개수는 **8**개야.

이름별 낱자의 개수

이름	낱자의 개수(개)	이름	낱자의 개수(개)
김예슬	8	이석기	
박한별		노동민	
김지혜		이신영	

이름에 있는 낱자의 개수별 학생 수

낱자의 개수(개)	7	8	9	합계
학생 수(명)				

1-10 한별이가 일주일 동안 먹은 사탕 수를 조사하여 표로 나타내었습니다. 토요일에 먹은 사탕 수는 수요일에 먹은 사탕 수보다 **1**개가 적고, 화요일에 먹은 사탕 수는 토요일에 먹은 사탕 수의 **2**배입니다. 한별이가 일주일 동안 먹은 사탕은 모두 몇 개인가요?

요일별 먹은 사탕 수

요일	일	월	화	수	목	금	토
사탕 수(개)	6	3		5	4	2	

( )개

단원 **5**

유형 **2** 　그래프로 나타내기

- **그래프로 나타내는 방법**
  ① 그래프의 가로와 세로에 각각 무엇을 나타낼지 정합니다.
  ② ○, ×, / 등을 아래에서 위로 한 칸에 하나씩 차례로 그립니다.

♕ 표를 보고 물음에 답하세요. [2-1~2-4]

좋아하는 계절별 학생 수

계절	봄	여름	가을	겨울	합계
학생 수(명)	4	2	1	3	10

2-1 표를 그래프로 나타낼 때 가로에 계절을 나타낸다면, 세로에는 무엇을 나타내어야 하나요?

(　　　　　　　　)

2-2 그래프에 좋아하는 계절별 학생 수만큼 ○를 그릴 때, ○가 가장 많이 그려지는 계절은 무엇인가요?

(　　　　　　　　)

대표유형

2-3 위의 표를 보고 ○를 사용하여 그래프로 나타내 보세요.

좋아하는 계절별 학생 수

4				
3				
2				
1				
학생 수(명) ＼ 계절	봄	여름	가을	겨울

2-4 좋아하는 학생 수가 가장 많은 계절부터 차례대로 써 보세요.

(　　　　　　　　　　　　　)

♕ 영수와 친구들이 지난주에 읽은 동화책 수를 조사하여 나타낸 표입니다. 물음에 답하세요.
[2-5~2-8]

학생별 읽은 동화책 수

이름	영수	가영	한별	지혜	웅이	합계
책 수(권)	4	2		2	3	16

2-5 위의 표를 완성하세요.

2-6 위의 표를 보고 ×를 사용하여 그래프로 나타내 보세요.

학생별 읽은 동화책 수

5					
4					
3					
2					
1					
책 수(권) ＼ 이름	영수	가영	한별	지혜	웅이

2-7 읽은 동화책 수가 같은 사람은 누구와 누구인가요?

(　　　　　), (　　　　　)

2-8 동화책을 가장 많이 읽은 사람은 누구이고, 몇 권을 읽었나요?

(　　　　　), (　　　　)권

2-9 동민이네 모둠 학생들이 좋아하는 우유별 학생 수를 조사하여 그래프로 나타내었습니다. 표를 보고 그래프로 나타내 보세요.

좋아하는 우유별 학생 수

우유	딸기	커피	초콜릿	바나나	합계
학생 수(명)	5	2	4	6	17

좋아하는 우유별 학생 수

6				
5				
4				
3				
2				
1				
학생 수(명) / 우유	딸기	커피	초콜릿	바나나

유형 3 표와 그래프의 내용 알아보고 나타내기

- 조사한 내용을 표로 나타내면 각 종류별 수와 전체 수를 쉽게 알 수 있습니다.
- 조사한 내용을 그래프로 나타내면 가장 많은 것과 가장 적은 것이 무엇인지 한눈에 쉽게 알아볼 수 있습니다.

👑 학생들이 좋아하는 간식을 조사하여 나타내었습니다. 물음에 답하세요. [3-1~3-4]

좋아하는 간식

이름	간식	이름	간식	이름	간식
상연	떡볶이	주용	어묵	영제	떡볶이
효수	김밥	웅이	떡볶이	석기	튀김
예슬	튀김	유선	김밥	민주	떡볶이

대표유형

3-1 좋아하는 간식별 학생 수를 표와 그래프로 각각 나타내 보세요.

좋아하는 간식별 학생 수

간식	떡볶이	김밥	튀김	어묵	합계
학생 수(명)					

좋아하는 간식별 학생 수

어묵				
튀김				
김밥				
떡볶이				
간식 / 학생 수(명)	1	2	3	4

3-2 튀김을 좋아하는 학생 수는 어묵을 좋아하는 학생 수보다 몇 명 더 많나요?

(   )명

3-3 학생들을 위해 간식을 준비하려고 합니다. 어느 간식을 가장 많이 준비하는 것이 좋을지 써 보세요.

(   )

3-4 위의 표와 그래프 중에서 좋아하는 학생 수의 많고 적음을 한눈에 비교하기 편리한 것은 어느 것인가요?

(   )

단원 5

👑 고리 던지기를 하여 고리가 걸리면 ○표, 걸리지 않으면 ×표를 하여 나타낸 표입니다. 물음에 답하세요. [3-5∼3-9]

고리 던지기 결과표

횟수(회) 이름	1	2	3	4	5	6
지혜	×	○	×	○	×	○
효근	○	×	○	×	×	×
동민	○	○	×	○	○	×

3-5 학생들은 고리를 각각 몇 번씩 던졌나요?

( )번

3-6 학생별로 걸린 고리 수를 세어 표로 나타내 보세요.

학생별 걸린 고리 수

이름	지혜	효근	동민	합계
걸린 고리 수(개)				

3-7 위의 표를 보고 /를 사용하여 그래프로 나타내 보세요.

학생별 걸린 고리 수

4			
3			
2			
1			
걸린 고리 수(개) 이름	지혜	효근	동민

3-8 고리 던지기를 가장 잘한 사람은 누구인가요?

( )

3-9 지혜와 효근이가 건 고리는 모두 몇 개인가요?

( )개

👑 한솔이네 모둠 학생들이 가지고 있는 구슬 수를 조사하여 나타낸 그래프입니다. 한솔이네 모둠 학생들이 가지고 있는 구슬이 모두 21개일 때, 물음에 답하세요. [3-10∼3-12]

학생별 가지고 있는 구슬 수

7		○			
6		○			
5		○		○	
4	○	○		○	
3	○	○		○	
2	○	○		○	○
1	○	○		○	○
구슬 수(개) 이름	한솔	웅이	지혜	가영	석기

🎓 시험에 잘 나와요

3-10 그래프를 완성해 보세요.

3-11 구슬을 가장 많이 가지고 있는 학생은 가장 적게 가지고 있는 학생보다 몇 개 더 많나요?

( )개

3-12 구슬을 한솔이보다 더 많이 가지고 있는 학생의 이름을 모두 쓰세요.

( )

👑 어느 해 12월의 날씨를 조사하였습니다. 물음에 답하세요. [1~3]

일	월	화	수	목	금	토
	1	2	3	4	5	6
7	8	9	10	11	12	13
14	15	16	17	18	19	20
21	22	23	24	25	26	27
28	29	30	31			

1 12월에 맑은 날은 며칠인가요?

( )일

2 조사한 것을 보고 표로 나타내 보세요.

12월의 날씨별 날수

날씨	맑은 날	흐린 날	비 온 날	눈 온 날	합계
날수(일)					

3 **2**의 표를 보고 ○를 사용하여 그래프로 나타내 보세요.

12월의 날씨별 날수

10				
9				
8				
7				
6				
5				
4				
3				
2				
1				
날수(일) \ 날씨	맑은 날	흐린 날	비 온 날	눈 온 날

👑 지혜네 반 학생들이 놀이터에서 좋아하는 놀이 시설을 조사하여 나타낸 표와 그래프입니다. 물음에 답하세요. [4~5]

좋아하는 놀이 시설별 학생 수

놀이 시설	그네	시소	미끄럼틀	정글짐	합계
학생 수(명)	6				20

좋아하는 놀이 시설별 학생 수

7				
6				
5				
4		○		
3		○		○
2		○		○
1		○		○
학생 수(명) \ 놀이 시설	그네	시소	미끄럼틀	정글짐

4 표와 그래프를 각각 완성하세요.

5 표와 그래프 중에서 조사한 종류별 학생 수의 많고 적음을 한눈에 알아보기 편리한 것은 어느 것인가요?

( )

6 신영이네 반 학생 22명이 존경하는 위인을 조사하여 나타낸 표입니다. 세종대왕을 존경하는 학생은 몇 명인가요?

존경하는 위인별 학생 수

위인	이순신	세종대왕	빌 게이츠	에디슨	합계
학생 수(명)	5		6	3	22

( )명

👑 지난 일요일 영수의 하루 일과표를 나타내었습니다. 물음에 답하세요. [7~8]

7 하루 일과표를 보고 영수가 한 일별 시간만큼 색칠하여 그래프로 나타내 보세요.

하루 동안 영수가 한 일별 시간

8						
7						
6						
5						
4						
3						
2						
1						
시간 한일	식사 하기	TV 보기	독서 하기	공부 하기	잠자기	휴식

8 하루 일과 중 잠자기를 제외하고 가장 많은 시간 동안 한 일은 무엇인가요?

( )

👑 가영이네 반 학생들이 가고 싶어 하는 현장 학습 장소를 조사하여 나타낸 표입니다. 박물관에 가고 싶어 하는 학생은 민속촌에 가고 싶어 하는 학생보다 1명 더 적습니다. 물음에 답하세요. [9~11]

가고 싶어 하는 장소별 학생 수

장소	박람회	과학관	박물관	민속촌	합계
학생 수(명)		9	4		23

9 위 표를 완성하세요.

10 표를 보고, ○를 이용하여 그래프로 나타내세요.

가고 싶어 하는 장소별 학생 수

9				
8				
7				
6				
5				
4				
3				
2				
1				
학생 수(명) 장소	박람회	과학관	박물관	민속촌

11 가영이네 반 학생들이 현장 학습을 가려면 어느 장소로 가는 것이 좋을지 쓰세요.

( )

단원
5

유형 1

예슬이네 반 학생들이 좋아하는 새를 조사하여 나타낸 표입니다. 가장 많은 학생이 좋아하는 새는 무엇인지 풀이 과정을 쓰고 답을 구하세요.

좋아하는 새별 학생 수

새	까치	공작	비둘기	앵무새	합계
학생 수(명)		5	4	9	22

풀이 까치를 제외한 나머지 새들을 좋아하는 학생 수의 합은

$5+4+\boxed{}=\boxed{}$(명)이므로 까치를 좋아하는 학생 수는

$22-\boxed{}=\boxed{}$명입니다.

따라서 가장 많은 학생이 좋아하는 새는 $\boxed{}$입니다.

답 $\boxed{}$

예제 1

효근이네 반 학생들이 좋아하는 색을 조사하여 나타낸 표입니다. 가장 많은 학생이 좋아하는 색은 무엇인지 풀이 과정을 쓰고 답을 구하세요. [5점]

좋아하는 색별 학생 수

색	빨간색	파란색	노란색	초록색	합계
학생 수(명)	6	8		4	23

설명

_____

_____

_____

_____

답 _____

유형**2**

영수네 반과 동민이네 반 학생들이 가 보고 싶어 하는 현장 체험 학습 장소를 조사하여 나타낸 표입니다. 영수네 반과 동민이네 반 학생들이 함께 현장 체험 학습을 간다면 어느 곳으로 가는 것이 좋을지 표를 보고 말해 보세요.

가 보고 싶어 하는 현장 체험 학습 장소별 학생 수

장소	놀이공원	박물관	동물원	과학관	합계
영수네 반 학생 수	8	3	7	4	22
동민이네 반 학생 수	3	5	9	3	20

✏️풀이) 영수네 반과 동민이네 반 학생들이 가 보고 싶어 하는 현장 체험 학습 장소별 학생 수를 구해 보면 놀이공원은 $8+3=$ ☐ (명), 박물관은 $3+5=$ ☐ (명), 동물원은 $7+9=$ ☐ (명), 과학관은 $4+3=$ ☐ (명)입니다. 따라서 두 반이 함께 현장 체험 학습을 간다면 가장 많은 학생이 가보고 싶어하는 ☐ 으로 가는 것이 좋을 것 같습니다.

🧩답 _____

예제**2**

지혜네 반과 예슬이네 반 학생들이 키우고 싶어 하는 애완동물을 조사하여 나타낸 표입니다. 지혜네 반과 예슬이네 반 학생들이 함께 애완동물을 키운다면 어느 동물을 키우는 것이 좋을지 표를 보고 말해 보세요. [5점]

키우고 싶어 하는 애완동물별 학생 수

애완동물	강아지	고양이	햄스터	토끼	합계
지혜네 반 학생 수	4	5	4	7	20
예슬이네 반 학생 수	5	8	6	2	21

✏️설명)

_____

_____

🧩답 _____

놀이 수학

👑 신영이와 웅이가 회전판 돌리기 놀이를 하고 있습니다. 물음에 답하세요. [1~3]

놀이 방법

〈준비물〉 회전판

〈놀이 방법〉

① 회전판을 준비하고 가위바위보를 하여 순서를 정합니다.

② 순서대로 회전판을 돌리고 나온 점수를 표에 표시합니다. (10회 반복)

③ 회전판의 점수와 점수가 나온 횟수를 곱한 후 더합니다.

④ 점수의 합이 더 큰 사람이 이깁니다.

1 신영이가 회전판을 돌려 나온 점수를 표로 나타내었습니다. 빈칸을 채우고 신영이의 점수는 몇 점인지 구하세요.

회전판의 점수(점)	0	1	2	3	합계
횟수(번)	1	4	3	2	10
신영이의점수(점)					

(   )점

2 웅이가 회전판을 돌려 나온 점수를 표로 나타내었습니다. 빈칸을 채우고 웅이의 점수는 몇 점인지 구하세요.

회전판의 점수(점)	0	1	2	3	합계
횟수(번)	2	3	1	4	10
웅이의점수(점)					

(   )점

3 신영이와 웅이 중 놀이에서 이긴 사람은 누구인가요?

(   )

👑 학생들이 가장 좋아하는 곤충을 조사하였습니다. 물음에 답하세요. [1~4]

용희	가영	웅이	영성
해숙	해은	효근	희영
동수	석기	하연	진영

🐜 개미
🐞 무당벌레
🦋 나비
🪰 잠자리

1 가영이가 좋아하는 곤충은 무엇인가요?
③점
(   )

2 개미를 좋아하는 학생을 모두 찾아 쓰세요.
③점
(   )

3 좋아하는 곤충별 학생 수를 세어 표로 나타내 보세요.
③점

좋아하는 곤충별 학생 수

곤충	개미	무당벌레	나비	잠자리	합계
학생 수(명)					

4 조사한 자료와 표 중에서 좋아하는 곤충별 학생 수를 알아보기에 편리한 것은 어느 것인가요?
③점
(   )

👑 영수가 일주일 동안 푼 문제집의 쪽수를 조사하여 나타낸 표입니다. 물음에 답하세요.
[5~8]

일주일 동안 푼 문제집 쪽수

요일	일	월	화	수	목	금	토	합계
쪽수(쪽)	3	6	4	5	3	2	1	

5 영수가 일주일 동안 푼 문제집의 쪽수는 모두 몇 쪽인가요?
④점
(   )쪽

6 위의 표를 보고 그래프로 나타낼 때 한 칸을 1쪽으로 하면 일요일에는 ○를 몇 칸까지 그려야 하나요?
④점
(   )칸

7 위의 표를 보고 ○를 사용하여 그래프로 나타내 보세요.
④점

일주일 동안 푼 문제집 쪽수

6							
5							
4							
3							
2							
1							
쪽수(쪽)\요일	일	월	화	수	목	금	토

8 영수가 문제집을 가장 많이 푼 날과 가장 적게 푼 날은 각각 무슨 요일인지 차례로 쓰세요.
④점
(   ), (   )

👑 어느 과일 가게에서 오늘 팔고 남은 과일들입니다. 물음에 답하세요. [9~11]

9 종류별 남은 과일 수를 세어 표로 나타내 보세요.
(4점)

종류별 남은 과일 수

과일	감	배	사과	귤	합계
개수(개)					

10 위의 표를 보고 ×를 사용하여 그래프로 나타내 보세요.
(4점)

종류별 남은 과일 수

개수(개) 과일	1	2	3	4	5	6	7	8
감								
배								
사과								
귤								

11 가장 많이 남은 과일부터 차례로 쓰세요.
(4점)
( )

👑 예슬이가 어느 해 3월부터 6월까지 비 온 날 수를 조사하여 나타낸 그래프입니다. 물음에 답하세요. [12~14]

비 온 날수

7				☂
6		☂		☂
5		☂	☂	☂
4		☂	☂	☂
3		☂	☂	☂
2	☂	☂	☂	☂
1	☂	☂	☂	☂
날수(일)／월	3	4	5	6

12 비 온 날이 가장 많은 달과 가장 적은 달의 날수의 차는 며칠인가요?
(4점)
( )일

13 3월부터 6월까지 비 온 날수는 모두 며칠인가요?
(4점)
( )일

14 석기와 효근이가 그래프를 보고 나눈 대화입니다. 바르게 이야기한 사람은 누구인가요?
(4점)

> • 석기 : 4월에 비 온 날수는 5월에 비 온 날수보다 많아.
> • 효근 : 4월에 비 온 날수는 3월에 비 온 날수의 2배야.

( )

학생 **15**명의 장래 희망을 조사하여 나타낸 그래프입니다. 물음에 답하세요. [**15~17**]

장래 희망별 학생 수

학생 수 (명) / 장래 희망	과학자	경찰	선생님	연예인
6				○
5				○
4	○			○
3	○			○
2	○	○		○
1	○	○		○

15 그래프를 완성하세요.
(4점)

16 가장 많은 학생의 장래 희망은 무엇인가요?
(4점)

( )

17 위의 그래프를 보고 표로 나타내세요.
(4점)

장래 희망별 학생 수

장래 희망	과학자	경찰	선생님	연예인	합계
학생 수(명)					

동민, 가영, 한별이가 과녁 맞히기 놀이를 하여 점수별로 맞힌 횟수를 조사하였습니다. 물음에 답하세요. [**18~21**]

점수별 맞힌 횟수

점수 / 이름	3점	2점	1점
동민	2번	5번	3번
가영	4번	2번	4번
한별	5번	1번	4번

18 한 사람이 몇 번씩 던졌나요?
(4점)

( )번

19 동민이가 얻은 점수는 모두 몇 점인가요?
(4점)

( )점

20 얻은 점수가 가장 높은 사람은 누구인가요?
(4점)

( )

21 세 사람의 점수의 합은 모두 몇 점인가요?
(4점)

( )점

22 그래프를 사용하면 어떤 점이 편리한지
5점 설명하세요.

📖풀이

23 웅이네 반 학생들이 한 달 동안 지각한
5점 횟수를 조사하여 나타낸 표입니다. 지각
을 한 번이라도 한 학생은 모두 몇 명인
지 풀이 과정을 쓰고 답을 구하세요.

지각한 횟수별 학생 수

횟수	0번	1번	2번	3번	4번	합계
학생 수(명)	9	6	3	2	1	21

📖풀이

📁답 _____ 명

24 영수네 반 학생들의 취미를 조사하여 표
5점 로 나타내었습니다. 가장 많은 학생의
취미는 무엇인지 풀이 과정을 쓰고 답을
구하세요.

취미별 학생 수

취미	독서	공놀이	줄넘기	수영	합계
학생 수(명)	5	6		8	22

📖풀이

📁답 _____

25 지혜네 반 여학생 10명이 좋아하는 악기
5점 를 조사하여 나타낸 그래프입니다. 가장
많은 여학생이 좋아하는 악기는 무엇인
지 풀이 과정을 쓰고 답을 구하세요.

좋아하는 악기별 학생 수

학생 수(명) / 악기	피아노	탬버린	리코더	바이올린
4				
3				○
2	○			○
1	○	○		○

📖풀이

📁답 _____

① 상자에 들어 있는 **100**개의 색 구슬 중에서 어떤 색깔이 가장 많을지 다음과 같은 방법으로 알아보려고 합니다.

> ① 상자에 들어 있는 색 구슬을 보고 어떤 색의 구슬이 가장 많이 들어 있는지 예상해 봅니다.
> ② 상자에 들어 있는 색 구슬을 잘 섞은 후 모둠원이 돌아가며 한 컵씩 구슬을 꺼냅니다.
> ③ 밖으로 꺼낸 구슬을 색깔별로 분류하여 표로 나타냅니다.
> ④ 꺼낸 구슬을 다시 상자에 넣고 ②와 ③을 **3**회 반복합니다.

밖으로 꺼낸 구슬을 색깔별로 분류하여 표로 나타낸 것이 다음과 같다면 상자 안에는 어떤 색 구슬이 가장 많이 들어 있을지 생각하여 말해 보세요.

(1회)

색깔	빨간색	파란색	노란색	합계
구슬 수(개)	14	10	4	28

(2회)

색깔	빨간색	파란색	노란색	합계
구슬 수(개)	12	6	8	26

(3회)

색깔	빨간색	파란색	노란색	합계
구슬 수(개)	12	14	4	30

생활 속의 수학

장갑을 많이 팔려면?

영수네 집은 장갑을 파는 가게입니다.

영수 아버지께서는 추운 겨울이 되면 장갑이 많이 팔리기 때문에 11월부터 매우 바쁘십니다.

"올해도 장갑이 많이 팔려야 할 텐데. 어떻게 하면 좀 더 많이 팔 수 있을까?"

영수는 가게에서 파는 장갑을 살펴보았습니다.

"아버지, 장갑의 색깔이 빨간색, 파란색, 노란색, 검정색, 초록색 이렇게 다양해요."

"그런데 영수야, 올해는 사람들이 어떤 색깔의 장갑을 많이 사갈까?"

"아버지, 작년 겨울 동안 팔린 장갑을 한번 조사해 보는 게 어떨까요?"

"그게 좋겠다. 우리 같이 조사해 볼까?"

〈작년 겨울 동안 팔린 장갑〉

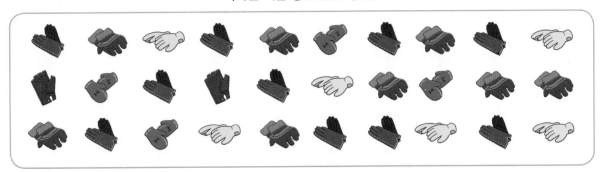

"영수야, 작년 겨울 동안 팔린 장갑을 분류해서 표로 나타내어 보겠니?"

"네. 알겠어요."

작년 겨울 동안 팔린 색깔별 장갑 수

색깔	빨간색	파란색	노란색	검은색	초록색	합계
장갑 수(켤레)	2	8	6	10	4	30

"아버지, 표로 나타내었어요."

"영수야, 표로 나타내어 보니 어떤 점이 좋으니?"

"음, 아무래도 색깔별로 팔린 장갑의 수를 정확하게 알 수 있어서 좋아요."

"그렇지. 영수야, 그럼 이번에는 표를 그래프로 한번 나타내어 볼까?"

영수는 표를 보고 작년 겨울 동안 팔린 색깔별 장갑 수만큼 ○를 사용하여 그래프로 나타내어 보았습니다.

작년 겨울 동안 팔린 색깔별 장갑 수

장갑 수(켤레) 색깔	빨간색	파란색	노란색	검은색	초록색
10				○	
9				○	
8		○		○	
7		○		○	
6		○	○	○	
5		○	○	○	
4		○	○	○	○
3		○	○	○	○
2	○	○	○	○	○
1	○	○	○	○	○

"영수야, 작년에는 어떤 장갑이 가장 많이 팔렸니?"

"검은색 장갑이에요."

"그럼, 가장 적게 팔린 장갑은?"

"빨간색 장갑이에요."

"영수야, 그래프로 나타내니까 어떤 점이 좋으니?"

"색깔별로 팔린 장갑 수의 많고 적음을 한눈에 비교하기가 편리한 것 같아요."

"그렇다면 영수야, 아빠가 올 겨울에는 장갑을 어떻게 준비하는 게 가장 좋을 것 같니?"

"작년 겨울 동안 팔린 장갑 중 가장 많이 팔린 색깔의 장갑부터 순서대로 많이 준비하면 좋을 것 같아요."

"우리 영수가 그래프를 아주 잘 활용한 것 같구나."

영수는 표와 그래프를 이용하면 이렇게 실생활에서 소중하게 사용된다는 사실을 깨달았습니다.

표와 그래프를 이용하면 어떤 점이 좋은지 각각 이야기해 보세요.

단원 **6**

규칙 찾기

< **이전에 배운 내용**

• 반복 규칙에서 규칙 찾기

• 규칙을 찾아 여러 가지 방법으로 나타내기

• 규칙 만들어 무늬 꾸미기

• 수 배열, 수 배열표에서 규칙 찾기

> **다음에 배울 내용**

• 다양한 변화 규칙을 찾아 설명하기

• 규칙을 수나 식으로 나타내기

• 계산식의 배열에서 계산 결과 규칙 찾기

○ 무늬에서 규칙 찾기(1)

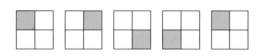

- ●, ●, ●이 반복되는 규칙입니다.
- ╱ 방향으로 ●(또는 ●, ●)만 있습니다.
- ╲ 방향으로 **3**가지 색깔이 반복되어 나옵니다.

○ 무늬에서 규칙 찾기(2)

분홍색으로 색칠되어 있는 부분이 시계 방향으로 돌아가고 있습니다.

개념확인 1

규칙을 찾아보고 물음에 답해 보세요.

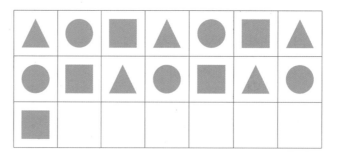

(1) 찾을 수 있는 규칙을 써 보세요.

(   )

(2) 규칙에 맞도록 빈칸에 알맞은 모양을 그려 보세요.

개념확인 2

빈 곳에 알맞게 색칠해 보세요.

기본 문제를 통해 교과서 개념을 다져요.

① 지혜는 규칙적으로 구슬을 꿰어 목걸이를 만들었습니다. 규칙에 맞도록 색칠해 보세요.

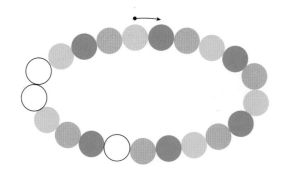

★중요
② 규칙을 찾아 ○ 안에 색칠해 보세요.

③ 빈칸에 알맞게 색칠해 보세요.

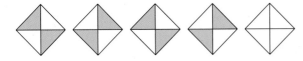

④ 규칙을 찾아 □ 안에 들어갈 과일의 이름을 써 보세요.

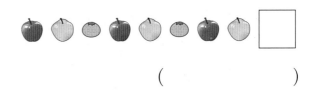

(   )

단원
6

⑤ 사각형이 놓여 있는 그림을 보고 규칙을 찾아 빈 곳에 알맞은 모양을 그려 보세요.

⑥ 규칙을 찾아 □ 안에 들어갈 모양을 그려 넣고 규칙을 써 보세요.

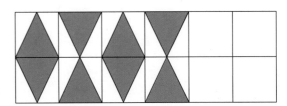

규칙

⑦ 규칙을 찾아 ▲를 그려 넣으세요.

⊙ 상자가 쌓인 모양에서 규칙 찾기

상자를 **4**개, **2**개로 반복하여 쌓은 규칙이 있습니다.

⊙ 쌓기나무로 쌓은 모양에서 규칙 찾기

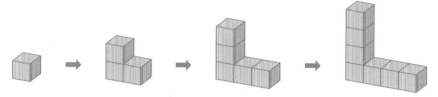

- ㄴ 모양으로 쌓은 규칙입니다.
- 가장 높은 위층에 **1**개씩, 가장 낮은 아래층에 **1**개씩 쌓기나무가 늘어나는 규칙입니다.
- 전체적으로 쌓기나무가 **2**개씩 늘어나는 규칙입니다.

개념확인 1

다음은 어떤 규칙에 따라 쌓기나무를 쌓은 모양입니다. 물음에 답하세요.

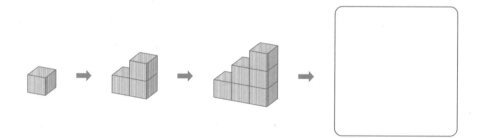

(1) **2**층으로 쌓은 모양에서 쌓기나무는 몇 개인가요?

(   )개

(2) **3**층으로 쌓은 모양에서 쌓기나무는 몇 개인가요?

(   )개

(3) **4**층으로 쌓기 위해 필요한 쌓기나무는 몇 개인가요?

(   )개

(4) 규칙에 따라 넷째 모양에 쌓을 쌓기나무는 모두 몇 개인가요?

(   )개

기본 문제를 통해 교과서 개념을 다져요.

1 쌓은 모양을 보고, 다음에는 어떻게 쌓아야 할지 빈 곳에 들어갈 알맞은 모양을 골라 보세요. (   )

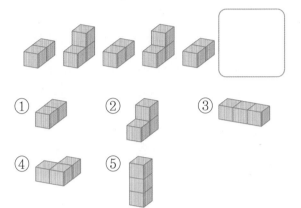

👑 다음은 어떤 규칙에 따라 쌓기나무를 쌓은 모양입니다. 물음에 답하세요. [4~6]

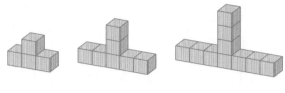

중요
4 쌓기나무를 쌓은 규칙을 써 보세요.

_____

_____

2 쌓은 모양을 보고, 빈칸에 들어갈 알맞은 모양을 골라 보세요. (   )

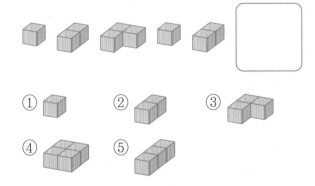

5 넷째 모양에 쌓을 쌓기나무는 모두 몇 개인가요?

(   )개

6 다섯째 모양에 쌓을 쌓기나무는 모두 몇 개인가요?

(   )개

3 규칙에 따라 쌓기나무를 쌓았습니다. 다음에 올 모양을 쌓기 위해 필요한 쌓기나무는 몇 개인가요?

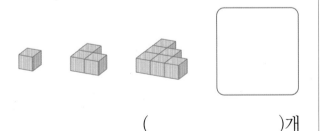

(   )개

7 다음은 어떤 규칙에 따라 쌓기나무를 쌓은 모양입니다. 쌓기나무를 5층까지 쌓기 위해 필요한 쌓기나무는 모두 몇 개인가요?

(   )개

단원
6

덧셈표에서 규칙 찾기

+	0	1	2	3	4	5	6	7	8	9
0	0	1	2	3	4	5	6	7	8	9
1	1	2	3	4	5	6	7	8	9	10
2	2	3	4	5	6	7	8	9	10	11
3	3	4	5	6	7	8	9	10	11	12
4	4	5	6	7	8	9	10	11	12	13
5	5	6	7	8	9	10	11	12	13	14
6	6	7	8	9	10	11	12	13	14	15
7	7	8	9	10	11	12	13	14	15	16
8	8	9	10	11	12	13	14	15	16	17
9	9	10	11	12	13	14	15	16	17	18

- ⬚ 안에 있는 수들은 오른쪽으로 갈수록 1씩 커지는 규칙이 있습니다.
- ⬚ 안에 있는 수들은 아래쪽으로 내려갈수록 1씩 커지는 규칙이 있습니다.
- ↘ 방향으로 갈수록 2씩 커지는 규칙이 있습니다.
- ↗ 방향으로는 모두 같은 수가 놓여 있는 규칙이 있습니다.
- 이외에도 다른 여러 가지 규칙을 찾아보고 이야기해 볼 수 있도록 합니다.

1
개념확인

덧셈표를 보고 물음에 답하세요.

+	3	4	5	6	7
3	6	7	8	9	10
4	7	8	9	10	11
5	8	㉠	10	11	12
6	9	10	11	12	13
7	10	11	12	㉡	14

(1) 오른쪽으로 한 칸씩 갈 때마다 몇씩 커지나요?

( )씩

(2) 위에서 아래로 한 칸씩 내려갈 때마다 어떤 규칙이 있나요?

( )

(3) 규칙을 찾아 ㉠, ㉡에 알맞은 수를 각각 구하시오.

㉠ ( ), ㉡ ( )

기본 문제를 통해 교과서 개념을 다져요.

👑 덧셈표를 보고 물음에 답하시오. [1~4]

+	1	3	5	7	9
1	2	4	6	8	10
3	4	6	8	10	
5	6	8	10		
7	8	10			
9	10				

1 규칙을 찾아 빈칸에 알맞은 수를 써넣어 덧셈표를 완성하세요.

2 ▨에 있는 수들은 어떤 규칙이 있나요?

----

3 ↓ 위에 있는 수들은 어떤 규칙이 있나요?

----

4 ↘ 위에 있는 수들은 어떤 규칙이 있나요?

👑 덧셈표에서 규칙을 찾아 빈칸에 알맞은 수를 써넣으세요. [5~7]

+	0	1	2	3	4
0	0	1	2	3	4
1	1	2	3	4	5	6
2	2	3	4	5	6	7
3	3	4	5	6	7
4	4	5	6	7	8
	5	6	7		

5

12	13	
	14	15

6

8			11
9	10		12

7

			16
14		16	
15			

단원 6

ⓒ 곱셈표에서 규칙 찾기

×	1	2	3	4	5	6	7	8	9
1	1	2	3	4	5	6	7	8	9
2	2	4	6	8	10	12	14	16	18
3	3	6	9	12	15	18	21	24	27
4	4	8	12	16	20	24	28	32	36
5	5	10	15	20	25	30	35	40	45
6	6	12	18	24	30	36	42	48	54
7	7	14	21	28	35	42	49	56	63
8	8	16	24	32	40	48	56	64	72
9	9	18	27	36	45	54	63	72	81

- ☐ 안에 있는 수들은 **3**씩 커지는 규칙이 있습니다.
- ☐ 안에 있는 수들은 **7**씩 커지는 규칙이 있습니다.
- ＼을 따라 접었을 때 만나는 수들은 서로 같습니다.

개념확인 1

곱셈표를 보고 물음에 답하세요.

×	1	2	3	4	5
1	1	2	3	4	5
2	2	4	6	8	10
3	3	6	9	12	15
4	4	8	12	16	20
5	5	10	15	20	25

(1) → 위에 있는 수들은 어떤 규칙이 있나요?

( )

(2) → 위에 있는 수들과 같은 규칙이 있는 수들을 찾아 색칠해 보세요.

(3) ＼을 따라 접었을 때 만나는 수들은 서로 어떤 관계가 있나요?

( )

기본 문제를 통해 교과서 개념을 다져요.

1 곱셈표를 보고 ㉠, ㉡에 알맞은 수를 각각 구하세요.

×	4	5	6	7
4	㉠	20	24	28
5	20	25	30	35
6	24	30	36	㉡
7	28	35	42	49

㉠ (   )

㉡ (   )

곱셈표를 보고 물음에 답하세요. [2~3]

×	1	3	5	7	9
1	1	3	5	7	9
3	3				
5	5				
7	7				
9	9				

2 빈칸에 알맞은 수를 써넣어 곱셈표를 완성하세요.

⭐중요

3 곱셈표에서 규칙을 찾아 써 보세요.

곱셈표에서 규칙을 찾아 빈칸에 알맞은 수를 써넣으세요. [4~6]

×	1	2	3	4
1	1	2	3	4
2	2	4	6	8	1
3	3	6	9	12
4	4	8	12	16
5	10			

4

16		
20	25	
24		36

5

12		
16	20	24
		30

6

35		49
	48	
	54	63

단원
6

생활에서 규칙 찾기

7월						
일	월	화	수	목	금	토
		1	2	3	4	5
6	7	8	9	10	11	12
13	14	15	16	17	18	19
20	21	22	23	24	25	26
27	28	29	30	31		

- 오른쪽으로 한 칸씩 갈 때마다 **1**씩 커집니다.
- 같은 요일은 아래로 한 칸씩 내려갈 때마다 **7**씩 커집니다.
- 왼쪽 위에서 오른쪽 아래로 향하는 ╲ 위에 있는 수들은 **8**씩 커집니다.
- 이외에도 다른 여러 가지 규칙을 찾아보고 이야기해 볼 수 있도록 합니다.

개념잡기

시계, 컴퓨터의 숫자 자판, 달력, 계산기 등 생활 속에서 다양한 수 배열의 규칙을 찾을 수 있습니다.

---

1 개념확인

달력을 보고 물음에 답하세요.

(1) 달력에서 일요일인 날짜를 모두 찾아 ○ 하세요.

(2) (1)의 ○ 한 날짜들은 어떤 규칙이 있나요?

➡ **7**부터 ☐ 씩 커지는 규칙이 있습니다.

(3) ■ 에 있는 날짜들은 어떤 규칙이 있나요?

➡ **1**부터 ☐ 씩 커지는 규칙이 있습니다.

(4) ╱ 위에 있는 날짜들은 어떤 규칙이 있나요?

➡ **6**부터 ☐ 씩 커지는 규칙이 있습니다.

👑 달력을 보고 물음에 답하세요. [1~3]

1 | 위에 있는 날짜들은 어떤 규칙이 있나요?

----

2 ╱ 위에 있는 날짜들은 어떤 규칙이 있나요?

----

3 ╲ 위에 있는 날짜들은 어떤 규칙이 있나요?

----

4 전자계산기의 숫자 버튼에서 찾을 수 있는 수의 규칙을 써 보세요.

👑 강당의 자리를 나타낸 그림입니다. 물음에 답하세요. [5~6]

무대					
첫째	둘째	셋째	넷째	다섯째	……
가열 ①	②	③	④	⑤	⑥
나열 ⑪	⑫	○	○	○	○
다열 ○	○	○	○	○	○
⋮ ○	○	○	○	○	○

5 가영이의 자리는 **14**번입니다. 어느 열 몇째 자리인가요?

( )열 ( )째 자리

6 예슬이의 자리는 라열 다섯째입니다. 예슬이가 앉을 자리의 번호는 몇 번인가요?

( )번

⭐중요

7 신호등에서 등의 색깔은 어떤 규칙으로 바뀌는지 써 보세요.

단원 6

유형 1 무늬에서 규칙 찾기

• 무늬에서 규칙 찾기(1)

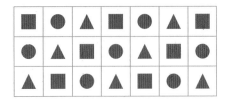

■, ●, ▲가 반복되는 규칙입니다.

• 무늬에서 규칙 찾기(2)

무늬가 시계 방향으로 돌아가는 규칙이 있습니다.

♛ 규칙이 있는 무늬입니다. 물음에 답하세요.

[1-1~1-2]

△	♡	○	△	♡	○	△
♡	○	△	♡	○	△	♡
○	△	♡	○	△	♡	○

1-1 무늬에서 찾을 수 있는 규칙을 써 보세요.

규칙

1-2 규칙에 맞도록 빈칸에 알맞은 모양을 그려 보세요.

♛ 규칙을 찾아 ☐ 안에 알맞은 모양을 그려 넣고 규칙을 써 보세요. [1-3~1-4]

1-3

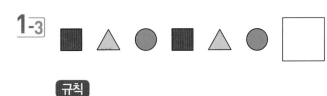

규칙

1-4

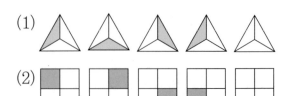

규칙

1-5 규칙을 찾아 빈 곳에 알맞게 색칠해 보세요.

(1) △ △ △ △ △

(2)
■	

1-6 어떤 규칙에 따라 무늬를 만든 것인지 바르게 설명한 사람은 누구인가요?

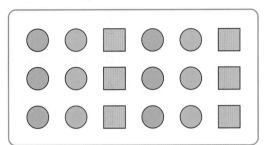

응이 : ◯, ◯, ▢를 차례로 그리면서 무늬를 만들었습니다.

상연 : 첫째 가로줄에는 ◯, 둘째 가로줄에는 ◯, 셋째 가로줄에는 ▢를 그리면서 무늬를 만들었습니다.

(   )

1-7 규칙을 찾아 빈 곳에 알맞게 색칠해 보세요.

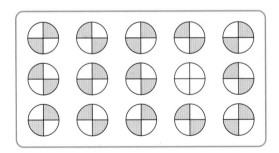

1-8 규칙을 찾아 ▽ 안에 • 을 알맞게 그려 보세요.

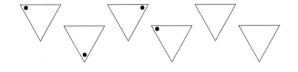

유형 2   쌓은 모양에서 규칙 찾기

ㅓ 모양을 이어서 쌓은 모양입니다.

2-1 쌓기나무를 다음과 같은 규칙에 따라 쌓았습니다. 다음에 올 쌓기나무 모양을 그려 보세요.

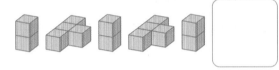

■대표유형■

2-2 쌓기나무로 다음과 같은 모양을 쌓았습니다. 쌓은 규칙을 써 보세요.

👑 쌓기나무를 사용하여 다음과 같은 모양으로 쌓았습니다. 물음에 답하세요. [2-3～2-4]

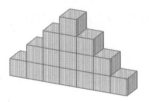

2-3 쌓은 규칙을 찾아 써 보세요.

2-4 규칙에 따라 5층까지 쌓으면 1층에 놓이는 쌓기나무는 몇 개인가요?

(   )개

유형 3 덧셈표에서 규칙 찾기

+	1	2	3	4	5
1	2	3	4	5	6
2	3	4	5	6	7
3	4	5	6	7	8
4	5	6	7	8	9
5	6	7	8	9	10

• 오른쪽으로 한 칸씩 갈 때마다 1씩 커집니다.

• 아래쪽으로 한 칸씩 내려갈 때마다 1씩 커집니다.

👑 덧셈표를 보고 물음에 답하세요. [3-1~3-2]

+	0	2	4	6	8
0	0	2	4	6	8
2	2	4	6	8	10
4	4	6	㉠	10	12
6	6	8	10	12	㉡
8	8	10	12	14	16

대표유형

3-1 규칙을 찾아 □ 안에 알맞은 수를 써넣으세요.

> 오른쪽으로 한 칸씩 갈 때마다 □ 씩 커지는 규칙이 있습니다.

3-2 덧셈표의 규칙을 찾아 ㉠, ㉡에 알맞은 수를 각각 구하세요.

㉠ (   ), ㉡ (   )

👑 덧셈표를 보고 물음에 답하세요. [3-3~3-6]

+	0	1	2	3	4	5	6
0	0	1	2	3	4	5	6
1	1	2	3	4	5	6	
2	2	3	4	5	6		
3	3	4	5	6			
4	4	5	6				
5	5	6					
6	6						

3-3 규칙을 찾아 빈칸에 알맞은 수를 써넣어 덧셈표를 완성하세요.

3-4 오른쪽으로 한 칸씩 갈 때마다 어떤 규칙이 있나요?

_____

3-5 ╱ 위에 있는 수들은 어떤 규칙이 있나요?

_____

3-6 왼쪽 위에서 오른쪽 아래로 향하는 ╲ 위에 있는 수들은 어떤 규칙이 있나요?

_____

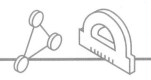

👑 덧셈표를 보고 물음에 답하세요. [3-7~3-8]

+	3	5	7	9	11
3	6	8	10	12	
5	8	10	12	14	
7	10	12	14		
9	12	14			
11					

3-7 규칙을 찾아 빈칸에 알맞은 수를 써넣어 덧셈표를 완성하세요.

3-8 ↓ 위에 있는 수들과 같은 규칙이 있는 수들을 찾아 색칠해 보세요.

🟥 잘 틀려요

3-9 빈칸에 알맞은 수를 써넣어 덧셈표를 완성하세요.

+	1	2			
1	2	3	4	5	6
2	3	4			
	4		6		
	5			8	
	6				10

유형 **4** 곱셈표에서 규칙 찾기

×	1	2	3	4	5
1	1	2	3	4	5
2	2	4	6	8	10
3	3	6	9	12	15
4	4	8	12	16	20
5	5	10	15	20	25

- → 위에 있는 수들은 **3**씩 커집니다.
- ↓ 위에 있는 수들은 **5**씩 커집니다.

👑 곱셈표를 보고 물음에 답하세요. [4-1~4-3]

×	2	4	6	8
2	4	8	12	16
4	8	16	24	
6	12	24		
8	16			

📗 대표유형

4-1 빈칸에 알맞은 수를 써넣어 곱셈표를 완성하세요.

4-2 → 위에 있는 수들은 어떤 규칙이 있나요?

_____

4-3 → 위에 있는 수들과 같은 규칙이 있는 수들을 찾아 색칠해 보세요.

단원 6

4-4 곱셈표에서 규칙을 찾아 빈칸에 알맞은 수를 써넣으세요.

×	3	5	7	9
3		15	21	27
5	15		35	45
7	21	35		63
9	27	45	63	

4-5 규칙을 찾아 빈 곳에 알맞은 수를 써넣으세요.

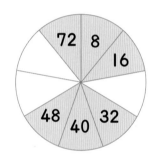

유형 5 생활에서 규칙 찾기

10월						
일	월	화	수	목	금	토
		1	2	3	4	5
6	7	8	9	10	11	12
13	14	15	16	17	18	19
20	21	22	23	24	25	26
27	28	29	30	31		

• 오른쪽으로 한 칸씩 갈 때마다 **1**씩 커집니다.

• 같은 요일은 아래로 한 칸씩 내려갈 때마다 **7**씩 커집니다.

5-1 계산기의 수 배열에서 ╱ 위에 있는 수들은 어떤 규칙이 있나요?

	R·CM	M−	M+	CCE
7	8	9	+÷−	√
4	5	6	×	÷
1	2	3	+	−
0	.	%		=

5-2 달력의 일부분이 찢어져 있습니다. **11**월의 셋째 주 금요일은 며칠인가요?

11월						
일	월	화	수	목	금	토
	1	2	3	4	5	6
7	8	9	10	11		
14	15					

( )일

5-3 강당에 놓인 의자에 번호를 붙였습니다. 규칙을 찾아 ㉠에 알맞은 번호를 구하세요.

의자 배열:
1 2 3 4 5 6
8 7
14 15
22 21 20
㉠

( )

1 규칙을 찾아 □ 안에 딸기와 참외 중 어느 것이 들어가야 하는지 쓰세요.

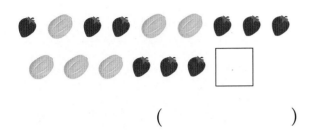

(   )

2 규칙을 찾아 빈 곳에 알맞게 색칠하세요.

3 규칙에 따라 도형을 그렸습니다. 규칙을 찾아 □ 안에 들어갈 알맞은 도형을 그려 넣으세요.

4 규칙에 따라 빈칸에 들어갈 알맞은 모양을 그려 넣으세요.

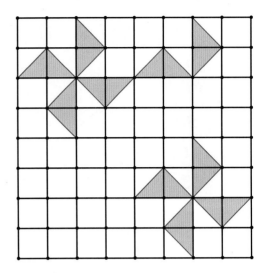

단원
6

5 다음과 같은 규칙으로 쌓기나무를 쌓아 갈 때 여섯째 모양에 쌓을 쌓기나무는 모두 몇 개인가요?

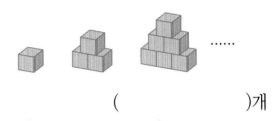

(   )개

6 어떤 규칙에 따라 쌓기나무를 쌓았습니다. 쌓기나무를 **4**층으로 쌓기 위해 필요한 쌓기나무는 모두 몇 개인가요?

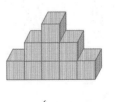

(   )개

7 다음 덧셈표를 완성하면 ＼ 위에 있는 수들은 어떤 규칙이 있나요?

+	5	7	9	11	13
5					
7					
9					
11					
13					

8 빈칸에 알맞은 수를 써넣어 덧셈표를 완성하세요.

+		2	6	8
0	0			
4				
			12	
8				16

9 곱셈표에서 → 위에 있는 수들의 합을 구하세요.

×	1	2	3	4	5
1	1				
2		4			
3			9		
4				16	
5	5				25

(   )

10 사물함 속의 수 배열에서 규칙을 찾아 ㉠에 알맞은 수를 구하세요.

1	2	3	4	5	6	7	8	9
							11	10
		㉠						

(   )

11 어느 해 **10**월 달력의 일부분이 찢어져 있습니다. 이 달의 마지막 날은 무슨 요일인가요?

10월						
일	월	화	수	목	금	토
			1	2	3	4
5	6	7	8			

(   )

12 규칙을 찾아 마지막 시계에 시곗바늘을 알맞게 그려 넣으세요.

서술 유형 익히기

주어진 풀이 과정을 함께 해결하면서
서술형 문제의 해결 방법을 익혀요.

유형 1

다음과 같은 규칙으로 쌓기나무를 쌓아갈 때 넷째 모양에 쌓을 쌓기나무는 모두 몇 개인지 풀이 과정을 쓰고 답을 구하세요.

   ······

단원 6

풀이 1개   3개   5개 ······
        +2   +□

쌓기나무가 □개씩 늘어나는 규칙이므로 넷째 모양에 쌓을 쌓기나무는 모두

5+□=□(개)입니다.

답 □개

예제 1

다음과 같은 규칙으로 쌓기나무를 쌓아갈 때 넷째 모양에 쌓을 쌓기나무는 모두 몇 개인지 풀이 과정을 쓰고 답을 구하세요. [5점]

  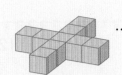 ······

설명

_____

_____

_____

_____

답 _____ 개

유형 **2**

어느 해 **9**월 달력의 일부분이 찢어져 있습니다. 이번 달의 목요일은 모두 몇 번 있는지 풀이 과정을 쓰고 답을 구하세요.

풀이 **9**월은 **30**일까지 있고, 첫째 주 목요일이 **3**일이므로 둘째 주 목요일은 ☐일,

셋째 주 목요일은 ☐일, 넷째 주 목요일은 ☐일입니다.

따라서 이번 달의 목요일은 모두 ☐번 있습니다.

답 ☐번

예제 **2**

어느 해 **12**월 달력의 일부분이 찢어져 있습니다. 이번 달의 화요일은 모두 몇 번 있는지 풀이 과정을 쓰고 답을 구하세요. [5점]

설명

_____

_____

_____

답 _____ 번

👑 동민이와 영수가 규칙 만들기 놀이를 합니다. 물음에 답하세요. [1~2]

단원
6

놀이 방법

〈준비물〉 바둑돌

① 각자 자기가 정한 규칙대로 바둑돌을 늘어놓습니다.

② 자기가 늘어놓은 바둑돌을 상대방에게 보여 줍니다.

③ 상대방이 늘어놓은 바둑돌을 보고 규칙을 찾아 말합니다.

④ 상대방이 늘어놓은 바둑돌의 규칙을 바르게 말하면 1점을 얻습니다.

⑤ 같은 방법으로 놀이를 계속합니다.

1 동민이가 바둑돌을 이용하여 다음과 같은 규칙으로 늘어놓았습니다. 바둑돌을 늘어놓은 규칙을 쓰세요.

◗ ● ◗ ● ● ◗ ● ● ● ◗ ● ● ● ● ……

_____

_____

_____

2 영수가 바둑돌을 이용하여 다음과 같은 규칙으로 늘어놓았습니다. 바둑돌을 늘어놓은 규칙을 쓰세요.

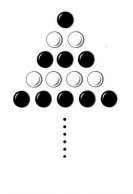

_____

_____

_____

1 규칙을 찾아 ○ 안에 들어갈 알맞은 모
3점 양에 ○표 하세요.

(♣)　(♥)
(　)　(　)

2 규칙을 찾아 □ 안에 들어갈 알맞은 모
3점 양을 그려 넣으세요.

3 규칙을 찾아 빈 곳에 알맞게 색칠하세요.
3점

4 표에서 **76**이 적혀 있는 칸에 들어갈 모
4점 양을 그리세요.

▲	■	●	★	▲	■	●
★	▲	■	●	★	▲	■
66	67	68	69	70	71	72
73	74	75	76	77	78	79

(　　　　　)

👑 쌓기나무를 다음과 같은 모양으로 쌓았습니
다. 물음에 답하세요. [5~6]

5 쌓기나무가 몇 개씩 늘어나는 규칙이 있
4점 나요?

(　　　　)개

6 위 규칙에 따라 다섯째 모양을 쌓기 위해
4점 필요한 쌓기나무는 모두 몇 개인가요?

(　　　　)개

👑 **덧셈표를 보고 물음에 답하세요. [7~10]**

+	2	3	4	5
2	4	5	6	7
3	5	6	7	8
4	6	㉠	8	9
5	7	8	9	㉡

7 (4점) 오른쪽으로 한 칸씩 갈 때마다 어떤 규칙이 있나요?

_____

8 (4점) ㉠에 알맞은 수를 구하세요.

(   )

9 (4점) ㉡에 알맞은 수를 구하세요.

(   )

10 (4점) 덧셈표의 규칙을 바르게 말한 사람은 누구인가요?

> 영수 : 왼쪽 위에서 오른쪽 아래로 향하는 ＼ 위에 있는 수들은 1씩 커집니다.
>
> 가영 : 오른쪽 위에서 왼쪽 아래로 향하는 ／ 위에는 같은 수들이 있습니다.

(   )

11 (4점) 덧셈표의 빈칸에 알맞은 수를 써넣고, 써넣은 수들의 규칙을 쓰세요.

+	5	6	7	8
5		11	12	13
6	11		13	14
7	12	13		15
8	13	14	15	

_____

👑 **곱셈표를 보고 물음에 답하세요. [12~14]**

×	3	4	5	6
3	9	12	15	18
4	12	16	㉠	24
5	15	20	25	30
6	18	24	30	36

12 (4점) → 위에 있는 수들은 어떤 규칙이 있나요?

_____

13 (4점) ↓ 위에 있는 수들과 같은 규칙이 있는 수들을 찾아 색칠하세요.

14 (4점) 곱셈표를 보고 ㉠에 알맞은 수를 구하세요.

(   )

곱셈표를 보고 물음에 답하세요. [15~17]

×	6	7	8	9
6			48	
7		49		
8				72
9	54			

15 규칙을 찾아 빈칸에 알맞은 수를 써넣어
④점 위 곱셈표를 완성하세요.

16 → 위에 있는 수들은 어떤 규칙이 있나
④점 요?

_____

17 ↓ 위에 있는 수들과 같은 규칙이 있는
④점 수들을 찾아 색칠하세요.

18 강당에 놓인 의자에 번호를 다음과 같이
④점 붙였습니다. 규칙을 찾아 ㉠에 알맞은
번호를 구하세요.

1	5		13	17	
2	6	10			22
3	7		15		
4	8			㉠	24

(   )

19 달력의 일부분이 찢어져 있습니다. 이번
④점 달의 넷째 주 목요일은 며칠인가요?

일	월	화	수	목	금	토
			1	2	3	4	5
6	7	8	9			

(   )일

다음은 일정한 간격으로 출발하는 배 출발 시
각을 나타낸 표입니다. 물음에 답하세요.
[20~21]

배 출발 시각	
성산행	우도행
7시 30분	8시
8시 30분	9시
9시 30분	
	11시
11시 30분	12시

20 빈칸에 알맞은 시각을 써넣으세요.
④점

21 위 표에서 찾을 수 있는 규칙을 쓰세요.
④점

_____

_____

22 규칙을 찾아 설명하고 ㉠에 알맞은 모양
4점 을 그리세요.

풀이

────────────────────────

────────────────────────

────────────────────────

📁 답 ────────────────────────

23 ▲, ●, ■ 모양으로 규칙이 있는 무늬를
5점 만들고, 그 규칙을 설명해 보세요.

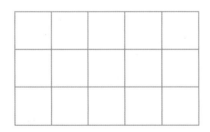

풀이

────────────────────────

────────────────────────

────────────────────────

24 3가지 색을 이용하여 나만의 규칙으로
5점 무늬를 만들고, 그 규칙을 설명해 보세
요.

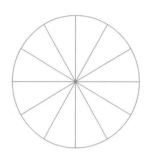

풀이

────────────────────────

────────────────────────

────────────────────────

────────────────────────

단원
6

25 사물함의 번호에는 어떤 규칙이 있는지
5점 설명하고 ㉠에 알맞은 수를 구하세요.

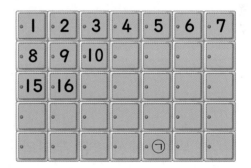

풀이

────────────────────────

────────────────────────

────────────────────────

────────────────────────

📁 답 ────────────────────────

양면 색종이로 오른쪽 그림과 같은 모양 **24**개를 만들었습니다. 물음에 답하세요. [1~2]

1 색종이로 만든 모양을 이용하여 무늬를 만들어 보세요.

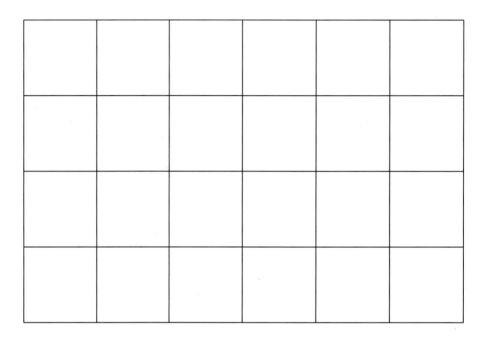

2 위 **1**에서 만든 무늬의 규칙을 찾아 쓰세요.

_____

_____

_____

규칙? 규칙!

콩이는 어디든 뛰어다녀요. 콩콩콩콩 뛰어다녀요.

콩이가 유치원을 다닐 때만 해도 그렇게 뛰어다니는 모습이 귀여웠어요. 그런데 학교에 입학하고 보니 아무도 콩콩콩콩 뛰어다니는 콩이를 귀엽다고 하지 않았어요.

2학년이 되어서도 여전히 콩콩콩콩 뛰어다니는 콩이를 이제는 규칙을 지키지 않는 아이라고 부른답니다.

교실에서 뛰지 않기로 한 규칙!

복도에서 뛰어다니지 않기로 한 규칙!

운동장에서도 체육 시간 외에는 뛰어다니지 않아야 하는 규칙!

계단을 오르내릴 때도 콩콩콩콩 뛰면 안 되는 규칙!

한번은 건널목에서 경찰 아저씨가 호루라기를 휘익 부셨어요. 파란 불이 켜지지도 않았는데 콩이가 콩콩콩콩 뛰어 건넜거든요.

"교통 규칙을 지키지 않다가 사고가 나면 어쩌려고 그러니?"

경찰 아저씨가 콩이에게 그렇게 말씀하셨는데 콩이는

"규칙이요? 난 규칙이라는 말 때문에 맨날 야단만 맞아서 규칙이라는 말이 아주 싫어요!"

하며 울어버렸어요.

"엉?"

경찰 아저씨가 눈이 둥그레졌어요.

콩이가 규칙을 잘 지키게 해 줄 사람, 누구 없나요?

규칙을 지키자!

콩이네 집을 수리한대요. 부엌과 화장실 벽에 예쁜 타일을 다시 붙일 거래요.
콩이가 좋아하는 꽃 그림이 있는 타일도 분홍 타일 속에 섞여 있었어요. 부엌 벽에
꽃무늬 타일을 붙이시는 아저씨를 보고 있던 콩이는

"아저씨, 나도 하고 싶어요."

라고 했지요.

"허허, 넌 어려서 못 해. 이건 쉬운 일은 아니란다!"

그 말에 물러설 콩이가 아니지요.

"그럼 내가 타일을 집어 드리면 안 되나요?"

"허허, 일 방해하지 말고 얼른 나가 놀아라!"

아저씨는 타일이 남은 상자를 밖으로 꺼내 놓으시면서

"마당에 늘어놓으면서 놀으렴!"

하시는 게 아니겠어요? 우와, 콩이는 콩콩콩콩 뛰면서 좋아했어요.

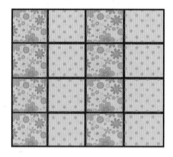

일을 마치고 나오시던 아저씨가 콩이가 늘어놓은 타일을 보시더니

"콩이는 규칙을 잘 아는구나!"

하셨어요.

'내가 규칙을 잘 안다구? 학교에서는 내가 제일 규칙을 안 지키는데? 거참 이상도
하지?'

콩이는 규칙이라는 말이 이제는 좋아졌어요.

😊 콩이가 늘어놓은 타일을 보고, 규칙을 찾아 말해 보세요.

개념을 다지고
실력을 키우는

왕수학

기본편

정답과 풀이

2-2

ᐯ (주)에듀왕

왕수학

기본편

정답과 풀이

초등

2 - 2

1 단계 개념 탄탄   6쪽

1 1000, 천
2 (1) 2000, 이천   (2) 3000, 삼천

2 단계 핵심 쏙쏙   7쪽

1 1000, 1000   **2** 200
3 (1) 1000   (2) 1000
4 풀이 참조   **5** 6000, 육천
6 풀이 참조   **7** 8000, 팔천

4

1000은 100이 10개인 수이므로 ⑩ 을 10개 그
립니다.

6 (예)

7 1000이 8개이면 8000이라 쓰고 팔천이라고 읽습
니다.

1 단계 개념 탄탄   8쪽

1 3245, 삼천이백사십오
2 4, 2480

1 1000이 3개이면 3000, 100이 2개이면 200,
10이 4개이면 40, 1이 5개이면 5이므로 3245입
니다.

2 단계 핵심 쏙쏙   9쪽

1 (1) 육천사백이십삼   (2) 칠천오백칠십구
2 (1) 4060   (2) 5904
3 5, 7, 4, 6   **4** 6453
5 3445, 삼천사백사십오
6 2735, 이천칠백삼십오
7 풀이 참조

2 (1) 사천육십

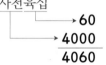

(2) 오천구백사

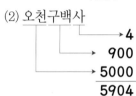

3 5746은 1000이 5개, 100이 7개, 10이 4개,
1이 6개인 수입니다.

4 1000이 6개이면 6000, 100이 4개이면 400,
10이 5개이면 50, 1이 3개이면 3이므로 6453입
니다.

5 1000이 3개, 100이 4개, 10이 4개, 1이 5개이므
로 3445입니다.
➡ 3445(삼천사백사십오)

6 2000+700+30+5=2735

7 (예)

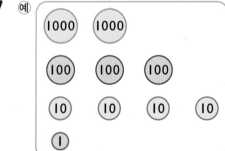

1 (1) 4000 (2) 600
   (3) 30 (4) 5
2 (1) 9000 (2) 500
   (3) 40 (4) 3

1 (1) 5, 500 (2) 7, 70
2 3562 **3** 5843
4 (1) 3000 (2) 30
   (3) 300 (4) 3
5 ㉠ **6** 9163
7 4000, 900, 80, 7
8 6127

---

1 (1) 1567 (2) 2970
   └─ 백의 자리 숫자, 500 └─ 십의 자리 숫자, 70

2 6459 ➡ 5, 4653 ➡ 5, 9016 ➡ 1, 3562 ➡ 6
   따라서 십의 자리 숫자가 6인 수는 3562입니다.

다른 풀이
   6459 ➡ 천의 자리 숫자 4653 ➡ 백의 자리 숫자
   9016 ➡ 일의 자리 숫자 3562 ➡ 십의 자리 숫자

3 5843 ➡ 800, 8972 ➡ 8000, 2408 ➡ 8

4 (1) 3675 ➡ 3000 (2) 5931 ➡ 30
   (3) 1357 ➡ 300 (4) 4983 ➡ 3

5 ㉠ 2397 ➡ 300 ㉡ 9248 ➡ 200

6 1879 ➡ 9, 9163 ➡ 9000, 4092 ➡ 90,
   5984 ➡ 900

8 6000+100+20+7=6127

1-1 1000, 천 **1-2** 400
1-3 ✕ **1-4** 10
           1-5 ④
1-6 3 **1-7** ✕
1-8 (1) 삼천 (2) 육천
1-9 (1) 5 (2) 9000
   (3) 6000
1-10 4 **1-11** 7000
2-1 2340 **2-2** 2, 7, 5, 0
2-3 (1) 6783 (2) 7, 0
2-4 영수
2-5 (1) 8293, 팔천이백구십삼
   (2) 6517, 육천오백십칠
2-6 ㉡, ㉠, ㉢ **2-7** 6700
2-8 4206 **3-1** 9, 1, 0, 4
3-2 3981
3-3 (1) 8, 8000 (2) 7, 700
   (3) 1, 10 (4) 9, 9
3-4 십의 자리 숫자, 80
3-5 (1) 400 (2) 4
   (3) 40 (4) 4000
3-6 ④ **3-7** 2643
3-8 90, 9 **3-9** ⃝3692, △4963
3-10 220

1-2 100원짜리 동전이 10개이면 1000원이 되므로 동
   전 10개를 묶으면 남는 돈은 100원짜리 동전이 4개
   입니다.

1-4 1000은 990보다 10만큼 더 큰 수이므로 예슬이의
   □ 안에 알맞은 수는 10입니다.

1-5 ①, ②, ③, ⑤ 1000
   ④ 901

1-6 100원짜리 동전이 **7**개이면 **700**원입니다.
따라서 100원짜리 동전이 **3**개 더 있어야 볼펜을 살 수 있습니다.

1-7 칠천(**7000**), 사천(**4000**), 이천(**2000**)

1-10 **4000**은 **1000**이 **4**개인 수입니다.
따라서 필요한 상자는 모두 **4**개입니다.

1-11 **1000**이 **7**개이면 **7000**이므로 동민이가 낸 성금은 **7000**원입니다.

2-1 **1000**이 **2**개이면 **2000**, **100**이 **3**개이면 **300**, **10**이 **4**개이면 **40**이므로 모두 **2340**원입니다.

2-6 8305 ➡ ⓒ 팔천삼백오
2072 ➡ ㉠ 이천칠십이
6124 ➡ ㉣ 육천백이십사

2-7 ·1000원짜리 지폐 6장 ➡ **6000**원
·100원짜리 동전 7개 ➡ **700**원
따라서 가영이가 산 빵은 **6700**원입니다.

2-8 ·1000개씩 4상자 ➡ **4000**개
·100개씩 2봉지 ➡ **200**개
·낱개 6개 ➡ **6**개
따라서 주사위는 모두 **4206**개입니다.

3-2

천의 자리	백의 자리	십의 자리	일의 자리	수
3	9	8	1	3981

3-6 ① **700** ② **7** ③ **70** ④ **7000** ⑤ **700**

3-7 6300 ➡ 6000, 5161 ➡ 60, 2643 ➡ 600, 4206 ➡ 6

3-8 ㉠은 십의 자리 숫자이므로 **90**을 나타내고, ㉡은 일의 자리 숫자이므로 **9**를 나타냅니다.

3-9 2351 ➡ 300, 4963 ➡ 3, 3692 ➡ 3000, 8030 ➡ 30

3-10 4524 ➡ 20, 3298 ➡ 200
합 : 20+200=**220**

1 단계 **개념 탄탄** 16쪽

> **1** (1) **7000, 8000**
> (2) **5500, 5600**
> (3) **4650, 4660**

1 (1) **1000**씩 뛰어 세면 천의 자리 숫자가 **1**씩 커집니다.
(2) **100**씩 뛰어 세면 백의 자리 숫자가 **1**씩 커집니다.
(3) **10**씩 뛰어 세면 십의 자리 숫자가 **1**씩 커집니다.

2 단계 **핵심 쏙쏙** 17쪽

> **1** 3713, 3714
> **2** (1) 2700, 3000   (2) 8361, 8391
> **3** 5250, 7250
> **4** 4890
> **5** 5770, 5780, 5790
> **6** (1) 1   (2) 100
> **7** 7889

1 **1**씩 뛰어 세었습니다.

2 (1) **2800−2900**에서 백의 자리 숫자가 **1** 커졌으므로 **100**씩 뛰어 센 규칙입니다.
(2) **8371−8381**에서 십의 자리 숫자가 **1** 커졌으므로 **10**씩 뛰어 센 규칙입니다.

3 **3250−4250**에서 천의 자리 숫자가 **1** 커졌으므로 **1000**씩 뛰어 센 규칙입니다.

4 **10**씩 뛰어 센 규칙이므로 ㉠에 알맞은 수는 **4890**입니다.

5 **10**씩 뛰어 세는 규칙입니다.

6 (1) 일의 자리 숫자가 1씩 커지므로 1씩 뛰어 세었습니다.
(2) 백의 자리 숫자가 1씩 커지므로 100씩 뛰어 세었습니다.

7 7839-7849-7859-7869-7879-7889

1 <	2 7, 8, >

1 2700은 천 모형이 2개이고, 3100은 천 모형이 3개이므로 3100이 2700보다 더 큽니다.

2 5793과 5785는 천의 자리 숫자와 백의 자리 숫자가 같으므로 십의 자리 숫자의 크기를 비교해 봅니다.
9>8이므로 5793>5785입니다.

1 2100, 2034	2 >
3 (1) <	(2) >
4 (1) >, >	(2) <, <
5 (1) <	(2) >
6 6871, ⃝7212	7 7632, 2367

3 수직선에서 오른쪽에 있는 수가 더 큰 수입니다.

5 (1) 5432<8362
        └5<8┘
(2) 7298>7261
        └9>6┘

6 6871<6927<7212
    └8<9┘   ┘
          └6<7┘

7 가장 큰 수를 만들려면 가장 큰 숫자부터 차례로 쓰고, 가장 작은 수를 만들려면 가장 작은 숫자부터 차례로 씁니다.

4-1 (1) 4015, 6015, 7015, 8015
(2) 8554, 8754, 8854, 8954
(3) 2320, 2340, 2350, 2360
(4) 4863, 4865, 4866, 4867

4-2 1000

4-3 (1) 7253   (2) 2341, 2371
(3) 6739

4-4 5791, 오천칠백구십일

4-5 100, 1000

4-6 4327, 4337, 4367, 4387

4-7 4850   **4-8** 8950

5-1 <   **5-2** >

5-3 (1) <   (2) >

5-4 (1) 백의 자리 숫자   (2) 일의 자리 숫자

5-5 <   **5-6** 가영

5-7 ⓒ   **5-8** ⓛ, ⓒ, ㉠

5-9 학교   **5-10** 6, 7, 8, 9

4-1 (1) 1000씩 뛰어 세면 천의 자리 숫자가 1씩 커집니다.
(2) 100씩 뛰어 세면 백의 자리 숫자가 1씩 커집니다.
(3) 10씩 뛰어 세면 십의 자리 숫자가 1씩 커집니다.
(4) 1씩 뛰어 세면 일의 자리 숫자가 1씩 커집니다.

4-2 천의 자리 숫자가 1씩 커지므로 1000씩 뛰어 세었습니다.

4-3 (1) 7254-7255에서 일의 자리 숫자가 1 커졌으므로 1씩 뛰어 세는 규칙입니다.
(2) 2351-2361에서 십의 자리 숫자가 1 커졌으므로 10씩 뛰어 세는 규칙입니다.
(3) 4739-5739에서 천의 자리 숫자가 1 커졌으므로 1000씩 뛰어 세는 규칙입니다.

4-4 5591-5691에서 백의 자리 숫자가 1만큼 더 커졌으므로 100씩 뛰어 세는 규칙입니다.
따라서 ㉠에 알맞은 수는 5791이고, 5791은 오천칠백구십일이라고 읽습니다.

4-5 • →는 백의 자리 숫자가 1씩 커지므로 100씩 뛰어 센 것입니다.

• ↓는 천의 자리 숫자가 1씩 커지므로 1000씩 뛰어 센 것입니다.

4-6 십의 자리 숫자가 1씩 커지므로 10씩 뛰어 세기를 합니다.

4-7 4550-4650-4750-4850

4-8 3950-4950-5950-6950-7950-8950
　　(3월)　(4월)　(5월)　(6월)　(7월)　(8월)

5-1 수직선에서 오른쪽에 있는 수가 더 큰 수입니다.

5-3 (2) 천의 자리 숫자, 백의 자리 숫자가 같고 십의 자리 숫자가 8>5이므로 6281>6253입니다.

5-4 (2) 1875와 1877은 천의 자리 숫자, 백의 자리 숫자, 십의 자리 숫자가 같으므로 일의 자리 숫자의 크기를 비교해야 합니다.

5-5 구천사백삼십 : 9430
➡ 9421<9430
　　└2<3┘

5-6 동민 : 3265, 가영 : 3456 ➡ 3265<3456

5-7 천의 자리 숫자의 크기를 비교하면 9>8이므로 8943이 가장 작고, 9011과 9107의 백의 자리 숫자의 크기를 비교하면 0<1이므로 9107이 가장 큽니다.

5-8 ㉠ 7000　　㉡ 6500　　㉢ 6671
➡ ㉡<㉢<㉠

5-9 1207과 1163에서 천의 자리 숫자가 같습니다.
백의 자리 숫자의 크기를 비교하면 2>1이므로 1207이 1163보다 큽니다.
따라서 예슬이네 집에서 학교까지의 거리가 더 멉니다.

5-10 일의 자리 숫자의 크기를 비교하면 8>4이므로 □ 안에는 5보다 큰 숫자가 들어가야 합니다.
따라서 □ 안에 들어갈 수 있는 숫자는 6, 7, 8, 9 입니다.

---

4 단계 **실력 팍팍**　　　　　23~26쪽

1 8000		**2** ⑤	
3 3000		**4** 350	
5 8694		**6** 8500	
7 ㉢, ㉠, ㉣, ㉡		**8** 440	
9 석기		**10** 5643	
11 5		**12** 7025	
13 3568		**14** 3	
15 8931, 8871		**16** 5708	
17 5973		**18** ⑤	
19 ㉢, ㉡, ㉣, ㉠		**20** ㉠	
21 다		**22** 24	
23 3		**24** 9630, 3069	

1 1000이 8이면 8000입니다.
따라서 문구점에서 산 클립은 모두 8000개입니다.

2 ①, ②, ③, ④ 5000
⑤ 4000

3 100이 30개이면 3000이므로 귤이 모두 3000개 들어 있습니다.

4 100원짜리 동전 6개는 600원, 10원짜리 동전 5개는 50원이므로 모두 650원입니다.
650에서 100씩 3번 뛰어 세면 950이고 950에서 50을 뛰어 세면 1000이므로 350원이 더 있어야 합니다.

5 1이 34인 수는 10이 3개, 1이 4개인 수와 같습니다.
1000이 8개, 100이 6개, 10이 9개, 1이 4개인 수와 같으므로 8694입니다.

6 100원짜리 동전 15개는 1000원짜리 지폐 1장과 100원짜리 동전 5개와 같습니다.
따라서 지혜가 내야 할 돈은 1000원짜리 지폐 8장과 100원짜리 동전 5개와 같은 8500원입니다.

7 ㉠ 100　㉡ 1　㉢ 1000　㉣ 10
➡ ㉢>㉠>㉣>㉡

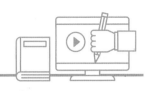

8 1473 ➡ 400, 1543 ➡ 40
합 : 400+40=440

9 영수가 만든 8764의 숫자 7은 백의 자리 숫자이므로 700, 석기가 만든 7642의 숫자 7은 천의 자리 숫자이므로 7000을 각각 나타냅니다.
따라서 700<7000이므로 석기가 이겼습니다.

10 백의 자리 숫자가 6인 네 자리 수는 □6□□입니다.
□6□□에서 □ 안에 가장 큰 숫자부터 차례대로 놓으면 가장 큰 수가 되므로 구하려고 하는 수는 5643입니다.

11 3108보다 크고 3114보다 작은 네 자리 수는 3109, 3110, 3111, 3112, 3113이므로 모두 5개입니다.

12 수 카드는 100씩 커지는 규칙이 있습니다.

13 → 방향으로는 10씩 뛰어 세고, ↓ 방향으로는 100씩 뛰어 세는 규칙입니다.
따라서 ㉠에 알맞은 수는 3268-3368-3468-3568이므로 3568입니다.

14 1000씩 뛰어 세는 규칙입니다.
2750-3750-4750-5750-6750-7750-8750-9750이므로 5750과 9750 사이에 들어가는 수는 6750, 7750, 8750이므로 모두 3개입니다.

15 8991-8961에서 십의 자리 숫자가 3만큼 더 작아지므로 30씩 작은 수로 뛰어 세는 규칙입니다.
➡ 8991-8961-8931-8901-8871-8841

16 5308보다 400 큰 수는 5308에서 100씩 큰 수로 4번 뛰어 센 수입니다. 5308에서 100씩 뛰어 세면 5308-5408-5508-5608-5708이므로 100씩 4번 뛰어 센 수는 5708입니다.
따라서 5308보다 400 큰 수는 5708입니다.

17 어떤 네 자리 수를 구하기 위해 6473에서 작아지는 규칙에 따라 100씩 5번 뛰어 셉니다.
6473-6373-6273-6173-6073
-⎡5973⎤

따라서 어떤 네 자리 수는 5973입니다.

18 ① 2007 ② 3500 ③ 3010 ④ 3700 ⑤ 3900
가장 큰 수는 3900이므로 ⑤입니다.

19 천의 자리 숫자부터 차례대로 크기를 비교해 봅니다.
➡ 6548>6127>5964>5867

20 ㉠ 5830 ㉡ 5730 ➡ 5830>5730이므로
㉠>㉡입니다.

21 6915>6895>6758이므로 사과를 가장 많이 수확한 마을은 다 마을입니다.

22 7419<7784, 7419<8784, 7419<9784
이므로 □ 안에 들어갈 수 있는 숫자는 7, 8, 9입니다.
➡ 7+8+9=24

23 천의 자리 숫자가 3, 백의 자리 숫자가 6, 일의 자리 숫자가 7인 네 자리 수를 36□7이라고 하면
36□7>3670에서 □ 안에 들어갈 수 있는 숫자는 7, 8, 9입니다.
따라서 구하려고 하는 수는 3677, 3687, 3697로 모두 3개입니다.

24 가장 큰 수는 가장 큰 숫자부터 차례대로 써야 하므로 9630, 가장 작은 수는 가장 작은 숫자부터 차례대로 써야 하는데 0은 맨 앞자리에 올 수 없으므로 3069입니다.

📝 서술 유형 익히기　　　27~28쪽

유형 1
800, 8, ㉠ / ㉠

예제 1
풀이 참조, ㉡

유형 2
7750, 8050, 8150, 8150 / 8150

예제 2
풀이 참조, 9280

1 9678에서 숫자 **6**이 나타내는 값은 **600**입니다.
　　　　　　　　　　　　　　　　　　　　－①
6987에서 숫자 **6**이 나타내는 값은 **6000**입니다.
　　　　　　　　　　　　　　　　　　　　－①
따라서 숫자 **6**이 나타내는 값이 더 큰 수는 ©입니다.
　　　　　　　　　　　　　　　　　　　　－②

평가기준	배점
① ⊙과 ©에서 숫자 **6**이 나타내는 값을 바르게 구한 경우	3점
② 숫자 **6**이 나타내는 값이 더 큰 수를 바르게 구한 경우	1점
③ 답을 구한 경우	1점

2 2280에서 1000씩 커지는 규칙으로 7번 뛰어 세면
2280－3280－4280－5280－6280－7280
－8280－9280입니다. －①
따라서 **3**월부터 **9**월까지 저금하면 모두 **9280**원이
됩니다. －②

평가기준	배점
① 뛰어 세기를 바르게 한 경우	2점
② 저금한 돈이 모두 얼마인지 바르게 설명한 경우	2점
③ 답을 구한 경우	1점

놀이 수학　　　　　　　　　　29쪽

1 13, 15, 25
2 13, 14, 15

단원 평가　　　　　　　　　30~33쪽

1 1000, 1000　　　　**2** 3, 삼천
3 오천이십사
4 (1) 6008　　　　　　(2) 7909
5 6450　　　　　　　**6** 6061, 8061, 9061
7 >　　　　　　　　**8** 9056
9 ©
10 5000, 5001, 5002, 5003
11 6000

12 (1) <　　　　　　　(2) <
13 영수　　　　　　　**14** ⊙
15 ⑤　　　　　　　　**16** 2405
17 9631, 2994　　　　**18** 8, 9
19 지혜　　　　　　　**20** 6000
21 6800　　　　　　　**22** 풀이 참조, ©
23 풀이 참조, ⊙ : 8999, © : 9029
24 풀이 참조, 상연
25 풀이 참조,
　　　가장 큰 수 : 8610, 가장 작은 수 : 1068

5 ・1000원짜리 지폐 **6**장 ➡ **6000**원
　 ・100원짜리 동전 **4**개 ➡ **400**원
　 ・10원짜리 동전 **5**개 ➡ **50**원
　 따라서 모두 **6450**원입니다.

6 1000씩 뛰어 세면 천의 자리 숫자가 1씩 커집니다.

7 3240은 천 모형이 **3**개이고 2310은 천 모형이 **2**개
이므로 3240>2310입니다.

9 ⊙ 50　　© 500　　© 5000　　@ 5

10 4998－4999에서 일의 자리 숫자가 1만큼 더 커지
므로 1씩 뛰어 세는 규칙입니다.

11 1000이 **6**개이면 **6000**입니다. 따라서 **6**상자에는
종이학이 모두 **6000**개 들어 있습니다.

12 (1) 5900<6200　　　(2) 3940<3952
　　　└5<6┘　　　　　　　└4<5┘

13 ・상연 : 4542<5241
　 ・효근 : 2641<2741
　 ・영수 : 7942<7953
　 따라서 잘못 말한 사람은 영수입니다.

14 6104>6014 ➡ ⊙>©

15 ①, ②, ③, ④ 9000　⑤ 3003

16 2365－2375－2385－2395－2405

17 가장 큰 수부터 차례대로 쓰면 **9631**, **9001**, **2999**, **2994**이므로 가장 큰 수는 **9631**이고 가장 작은 수는 **2994**입니다.

18 천의 자리 숫자, 백의 자리 숫자, 십의 자리 숫자가 모두 같으므로 □ 안에 들어갈 숫자는 **7**보다 커야 합니다.
따라서 □ 안에 들어갈 수 있는 숫자는 **8**, **9**입니다.

19 가장 큰 수는 **2035**이고, **1960**과 **1999**에서 십의 자리 숫자의 크기를 비교하면 **6**<**9**이므로 **1960**이 가장 작은 수입니다.
따라서 가장 적게 걸은 사람은 지혜입니다.

20 **4500**—**4800**—**5100**—**5400**—**5700**—**6000**
　　　(**1**일)　(**2**일)　(**3**일)　(**4**일)　(**5**일)

21 **1000**원짜리 지폐 **5**장은 **5000**원, **100**원짜리 동전 **18**개는 **1800**원입니다. 따라서 석기가 제과점에서 산 빵은 **5000**+**1800**=**6800**(원)입니다.

서술형

22 ㉠에서 숫자 **5**가 나타내는 값은 **500**, ㉡에서 숫자 **5**가 나타내는 값은 **50**, ㉢에서 숫자 **5**가 나타내는 값은 **5000**입니다. —①
따라서 숫자 **5**가 나타내는 값이 가장 큰 것은 ㉢입니다. —②

평가기준	배점
① ㉠, ㉡, ㉢의 숫자 **5**가 나타내는 값은 얼마인지 바르게 구한 경우	3점
② 숫자 **5**가 나타내는 값이 가장 큰 것은 어느 것인지 바르게 구한 경우	2점

23 십의 자리 숫자가 **1**씩 커지므로 **10**씩 뛰어 세었습니다. —①
따라서 ㉠에 알맞은 수는 **9009**보다 **10**만큼 더 작은 수인 **8999**이고, ㉡에 알맞은 수는 **9019**보다 **10**만큼 더 큰 수인 **9029**입니다. —②

평가기준	배점
① 몇씩 뛰어 세었는지 구한 경우	3점
② ㉠과 ㉡에 알맞은 수를 구한 경우	2점

24 영수 : **1000**이 **3**개, **100**이 **7**개, **10**이 **4**개, **1**이 **9**개인 수는 **3749**입니다. —①
상연 : **1000**이 **3**개, **100**이 **8**개, **10**이 **5**개인 수는 **3850**입니다. —①
따라서 **3749**<**3850**이므로 더 큰 수를 말한 사람은 상연이입니다. —②

평가기준	배점
① 영수와 상연이가 말한 수를 각각 바르게 구한 경우	3점
② 더 큰 수를 말한 사람은 누구인지 바르게 구한 경우	2점

25 가장 큰 수는 큰 숫자부터 차례로 쓰면 되므로 **8610**입니다. —①
가장 작은 수는 작은 숫자부터 차례로 쓰면 되는데 맨 앞자리에 **0**이 올 수 없으므로 **1068**입니다. —②

평가기준	배점
① 가장 큰 수를 만드는 과정을 바르게 설명한 경우	2점
② 가장 작은 수를 만드는 과정을 바르게 설명한 경우	2점
③ 답을 구한 경우	1점

🔅 탐구 수학　　　　　34쪽

1 **6987**, >, **6874**
2 **3876**, **800**, **8529**, **8000**

🏠 생활 속의 수학　　　35~36쪽

8720

1단계 **개념 탄탄**   38쪽

1 (1) **3, 6**   (2) **2, 10**

1 (1) 한 주머니에 구슬이 **2**개씩 들어 있으므로 주머니 **3**개에 들어 있는 구슬은 모두 **2×3=6**(개)입니다.
(2) 한 접시에 딸기가 **5**개씩 놓여 있으므로 접시 **2**개에 놓여 있는 딸기는 모두 **5×2=10**(개)입니다.

2단계 **핵심 쏙쏙**   39쪽

1 **10, 5, 10**   **2** **20, 4, 20**
3 (1) **16**   (2) **18**
   (3) **15**   (4) **35**
4 **2**   **5** **8, 풀이 참조**
6 (1) **4, 12, 14**   (2) **25, 30, 45**
7 **40**

1 운동화가 **2**짝씩 **5**켤레 있습니다. ➡ **2×5=10**

2 공깃돌이 **5**개씩 **4**묶음 있습니다. ➡ **5×4=20**

3 **2**단, **5**단 곱셈구구를 각각 외워 봅니다.

4 **2×6=12, 2×5=10**이므로 **2**만큼 더 큽니다.

> **다른 풀이**
> **2**단 곱셈구구에서 곱하는 수가 **1**만큼 더 크면 곱은 **2**만큼 더 큽니다.

5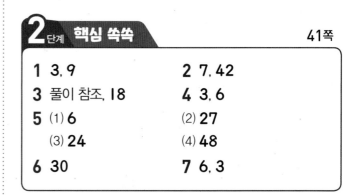

6 (1) **2**단 곱셈구구를 외워 봅니다.
   ➡ **2×2=4, 2×6=12, 2×7=14**
(2) **5**단 곱셈구구를 외워 봅니다.
   ➡ **5×5=25, 5×6=30, 5×9=45**

7 색종이가 **5**장씩 **8**묶음이므로 **5×8=40**(장)입니다.

1단계 **개념 탄탄**   40쪽

1 (1) **4, 12**   (2) **6, 36**

1 (1) 연필꽂이 한 개에 연필이 **3**자루씩 꽂혀 있으므로 연필꽂이 **4**개에 꽂혀 있는 연필은 모두 **3×4=12**(자루)입니다.
(2) 나뭇가지 한 개에 나뭇잎이 **6**장씩 있으므로 나뭇가지 **6**개에 있는 나뭇잎은 모두 **6×6=36**(장)입니다.

2단계 **핵심 쏙쏙**   41쪽

1 **3, 9**   **2** **7, 42**
3 **풀이 참조, 18**   **4** **3, 6**
5 (1) **6**   (2) **27**
   (3) **24**   (4) **48**
6 **30**   **7** **6, 3**

1 구슬이 **3**개씩 **3**묶음이므로 **3×3=9**(개)입니다.

2 사과가 **6**개씩 **7**묶음이므로 **6×7=42**(개)입니다.

3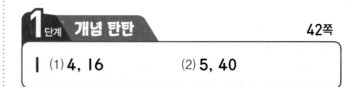

6 **6×5=6+6+6+6+6=30**

7 • 사탕이 **3**개씩 **6**묶음입니다. ➡ **3×6=18**
   • 사탕이 **6**개씩 **3**묶음입니다. ➡ **6×3=18**

1단계 **개념 탄탄**   42쪽

1 (1) **4, 16**   (2) **5, 40**

1 (1) 자동차 한 대에 바퀴가 **4**개씩이므로 자동차 **4**대에 있는 바퀴는 모두 **4×4=16**(개)입니다.
(2) 문어 한 마리의 다리가 **8**개씩이므로 문어 **5**마리의 다리는 모두 **8×5=40**(개)입니다.

2단계 핵심 쏙쏙

1 5, 20 **2** 4, 32
3 6, 24
4 (1) 4, 4, 4, 4, 4, 16
   (2) 4, 4, 16
5 (1) 12 (2) 32
   (3) 24 (4) 40
6 24, 32, 40, 48, 8, 8, 8

1 사과가 4개씩 5묶음이므로 4×5=20입니다.

2 어항 한 개에 금붕어가 8마리씩 있으므로
8×4=32입니다.

3 4씩 6번 뛰어 세면 4×6=24입니다.

6 8단 곱셈구구에서는 곱하는 수가 1씩 커지면 곱이
8씩 커집니다.

1단계 개념 탄탄

1 (1) 4, 28 (2) 6, 54

1 (1) 곶감 한 묶음에 곶감이 7개씩 있으므로 곶감 4묶
음에 있는 곶감은 모두 7×4=28(개)입니다.
   (2) 봉지 한 개에 들어 있는 귤이 9개이므로 봉지 6개
에 들어 있는 귤은 모두 9×6=54(개)입니다.

2단계 핵심 쏙쏙

1 5, 35 **2** 3, 27
3 (1) 7 (2) 9
4 (1) 35 (2) 56
   (3) 18 (4) 63

5 14 **6** 28
7

1 사탕이 한 봉지에 7개씩 5봉지이므로 7×5=35입
니다.

2 구슬이 한 봉지에 9개씩 3봉지이므로 9×3=27입
니다.

3 (1) 7단 곱셈구구에서는 곱하는 수가 1씩 커지면 곱이
7씩 커집니다.
   (2) 9단 곱셈구구에서는 곱하는 수가 1씩 커지면 곱이
9씩 커집니다.

6 길이가 7 cm인 막대가 4개이므로 막대의 길이는 모
두 7×4=28(cm)입니다.

7 9×7=63, 9×3=27, 9×5=45

3단계 유형 콕콕

1-1 (1) 6 (2) 14
   (3) 20 (4) 40
1-2 2, 10
1-3 (1) > (2) <
1-4 (1) 5, 5, 5, 5, 5, 5, 25
   (2) 5, 5, 25
1-5 30, 35, 45
1-6 ⑤ **1-7** 16
2-1 (1) 21 (2) 48
2-2 ④ **2-3** (○)( )
2-4 (1) 4, 6, 6, 6, 6, 24
   (2) 6, 6, 24
2-5 (시계 방향으로) 9, 27, 8
2-6 21
3-1 (1) 5, 20 (2) 8, 32
3-2 (1) 16 (2) 48

3-3 8, 32	**3**-4 6, 24
3-5 3, 24	**3**-6 64
4-1 14, 21, 28, 7, 7	
4-2 (1) 63	(2) 36
4-3 (시계 방향으로) 56, 6, 63	
4-4 9, 63	**4**-5 1, 2, 3, 4
4-6 35	

1-2 2씩 5번 뛰어 세면 $2 \times 5 = 10$입니다.

1-3 (1) $2 \times 9 = 18$, $5 \times 3 = 15 \Rightarrow 18 > 15$

(2) $2 \times 7 = 14$, $5 \times 5 = 25 \Rightarrow 14 < 25$

1-5 $5 \times 6 = 30$, $5 \times 7 = 35$, $5 \times 9 = 45$

1-6 ① $2 \times 6 = 12$이므로 □ = 6입니다.

② $5 \times 2 = 10$이므로 □ = 5입니다.

③ $2 \times 5 = 10$이므로 □ = 2입니다.

④ $5 \times 8 = 40$이므로 □ = 8입니다.

⑤ $2 \times 9 = 18$이므로 □ = 9입니다.

1-7 (단추 8개의 구멍 수)

＝(단추 한 개의 구멍 수)×(단추의 수)

＝$2 \times 8 = 16$(개)

2-1 (1) $3 \times 7 = 21$ (2) $6 \times 8 = 48$

2-2 ④ $6 \times 7 = 42$

2-3 $3 \times 5 = 15$, $6 \times 2 = 12 \Rightarrow 15 > 12$

2-5 $3 \times 3 = 9$, $3 \times 9 = 27$, $3 \times 8 = 24$

2-6 삼각형 모양 1개를 만들 때 연필 3자루가 필요하므로 삼각형 모양 7개를 만들려면 연필은 모두 $3 \times 7 = 21$(자루) 필요합니다.

3-1 (1) 4씩 5번 뛰어 세면 $4 \times 5 = 20$입니다.

(2) 8씩 4번 뛰어 세면 $8 \times 4 = 32$입니다.

3-2 (1) $4 \times 4 = 16$ (2) $8 \times 6 = 48$

3-3 $4 \times 2 = 8$, $8 \times 4 = 32$

3-4 지우개를 4개씩 묶으면 6묶음이므로 $4 \times 6 = 24$입니다.

3-5 지우개를 8개씩 묶으면 3묶음이므로 $8 \times 3 = 24$입니다.

3-6 학생들이 한 줄에 8명씩 8줄로 앉아 있으므로 학생들은 모두 $8 \times 8 = 64$(명)입니다.

4-1 7단 곱셈구구에서 곱하는 수가 1씩 커지면 곱이 7씩 커집니다.

4-2 (1) $7 \times 9 = 63$ (2) $9 \times 4 = 36$

4-3 $7 \times 8 = 56$, $7 \times 6 = 42$, $7 \times 9 = 63$

4-4 $3 \times 3 = 9$, $9 \times 7 = 63$

4-5 $9 \times 1 = 9$, $9 \times 2 = 18$, $9 \times 3 = 27$, $9 \times 4 = 36$, $9 \times 5 = 45$, ……이므로 $9 \times$□가 40보다 작으려면 □는 5보다 작아야 합니다. 따라서 □ 안에 들어갈 수 있는 수는 1, 2, 3, 4입니다.

4-6 7명씩 앉을 수 있는 긴 의자가 5개 있으므로 앉을 수 있는 사람은 모두 $7 \times 5 = 35$(명)입니다.

1 단계 **개념 탄탄** 50쪽

1 4, 4		
2 (1) 5	(2) 7
(3) 0	(4) 0

1 케이크가 1조각씩 4개의 접시에 놓여 있습니다.

➡ $1 \times 4 = 4$

2 (1), (2) 1과 어떤 수의 곱은 항상 어떤 수입니다.

(3), (4) 0과 어떤 수의 곱, 어떤 수와 0의 곱은 항상 0입니다.

2단계 핵심 쏙쏙　　　　51쪽

1 5, 5

2 (1) 6, 6　　　　(2) 7, 0

3 0, 7, 8

4 0, 0, 0, 3, 5, 7

5 7

6 (1) 0, 3, 2　　　(2) 5

---

1 인형이 1개씩 5개의 바구니에 들어 있습니다.
➡ 1×5=5

2 (1) 1을 6번 더했으므로 1×6=6입니다.
(2) 0을 7번 더했으므로 0×7=0입니다.

3 0×1=0, 7×1=7, 8×1=8

4 0과 어떤 수의 곱은 항상 0이고, 1과 어떤 수의 곱은
항상 어떤 수입니다.

5 동민이가 7일 동안 마시는 우유는 모두
1×7=7(잔)입니다.

6 (2) 0+3+2=5(점)

1단계 개념 탄탄　　　　52쪽

1 (1) 풀이 참조　　　(2) 4
(3) =

---

1 (1)

×	1	2	3	4	5	6	7	8	9
3	3	6	9	12	15	18	21	24	27
4	4	8	12	16	20	24	28	32	36
5	5	10	15	20	25	30	35	40	45

(2) 빨간색 선으로 둘러싸인 수들은 4, 8, 12, 16,
20, 24, 28, 32, 36으로 4씩 커지는 규칙이
있습니다.
(3) 5×3=15, 3×5=15 ➡ 5×3=3×5

2단계 핵심 쏙쏙　　　　53쪽

1 풀이 참조　　　**2** 풀이 참조

3 6×5　　　　　　**4** 7×6

5 예 7씩 커지는 규칙이 있습니다.

6~7

×	1	2	3	4	5	6	7	8	9
1	1	2	3	4	5	6	7	8	9
2	2	4	6	8	⑩	12	14	16	18
3	3	6	9	12	15	18	21	24	27
4	4	8	12	16	20	24	28	32	36
5	5	10	15	20	25	30	35	40	45
6	6	12	18	24	30	36	42	48	54
7	7	14	21	28	35	42	49	56	63
8	8	16	24	32	40	48	56	64	72
9	9	18	27	36	45	54	63	72	81

1

×	2	3	4	5
2	4	6	8	10
3	6	9	12	15
4	8	12	16	20
5	10	15	20	25

2

×	5	6	7	8	9
4	20	24	28	32	36
5	25	30	35	40	45
6	30	36	42	48	54
7	35	42	49	56	63

6 3씩 커지는 것은 3단 곱셈구구이므로 세로줄에 있는
3단 곱셈구구에 색칠합니다.

7 곱하는 두 수를 서로 바꾸어 곱해도 곱이 같으므로
5×2=2×5입니다.

1단계 **개념 탄탄**   54쪽

> **1** 3, 5, 15
> **2** 5, 4, 20
> **3** 2, 1, 3, 11, 3, 11

1 사탕이 **3**개씩 **5**묶음이므로 **3×5=15**(개)입니다.

2 참외가 **5**개씩 **4**묶음이므로 **5×4=20**(개)입니다.

3 ·**2×1+3×3=11**
  ·**3×4−1=11**

2단계 **핵심 쏙쏙**   55쪽

> **1** (1) 4, 4, 16   (2) 4, 7, 28
> **2** 18   **3** 48
> **4** 45   **5** 40
> **6** ①, ③

1 (1) 한 송이에 **4**개씩 **4**송이이므로 **4×4=16**(개)입니다.
  (2) 한 송이에 **4**개씩 **7**송이이므로 **4×7=28**(개)입니다.

2 **6×3=18**(개)

3 **8×6=48**(개)

4 **5×9=45**(개)

5 **9×4+4=36+4=40**(살)

6 ① 블록의 수를 **4×2**와 **3×3**을 더하는 방법으로 구하면 모두 **17**개입니다.
  ③ 블록의 수를 **5×5**에서 **8**을 빼는 방법으로 구하면 모두 **17**개입니다.

3단계 **유형 콕콕**   56~58쪽

> **5**-1 **9, 9**
> **5**-2 (1) 7   (2) 0
> **5**-3 (1) 8   (2) 1
>   (3) 0   (4) 0
> **5**-4 <   **5**-5 ④
> **5**-6 **7×0, 9×0**   **5**-7 2
> **6**-1 24, 42
> **6**-2 (1) 풀이 참조
>   (2) ⑩ **3**씩 커지는 규칙이 있습니다.
>   (3) 12, 12
> **6**-3 3, 24 / 3, 24
> **6**-4 (1) 7   (2) 3
> **6**-5 **5×7=35**   **6**-6
> **6**-7 7
> **7**-1 40
> **7**-2 24   **7**-3 ①, ④

5-1 빨대가 **1**개씩 **9**개의 컵에 꽂혀 있습니다.
  ➡ **1×9=9**

5-2 (1) **1×7=7**   (2) **9×0=0**

5-4 **0×8=0, 1×6=6** ➡ **0<6**

5-5 ① **0×5=0**   ② **5×0=0**   ③ **6×0=0**
  ④ **6+0=6**   ⑤ **0+0+0+0+0=0×5=0**

5-6 **0×7=0**이므로 곱이 **0**인 것을 찾습니다.
  7×0=0, 1×3=3, 9×0=0, 1×7=7

5-7 **1×2=2**(점), **0×3=0**(점)이므로 석기가 얻은 점수는 모두 **2+0=2**(점)입니다.

6-1 **6×4=㉠, ㉠=24**
  7×6=㉡, ㉡=42

6-2 (1)

×	1	2	3	4	5	6	7
1	1	2	3	4	5	6	7
2	2	4	6	8	10	㉠	14
3	3	6	9	12	15	18	21
4	4	8	12	16	20	24	28
5	5	10	15	20	25	30	35
6	6	㉡	18	24	30	36	42
7	7	14	21	28	35	42	49

(2) ☐☐☐☐로 둘러싸여 있는 수들은 **3**단 곱셈구구이
므로 **3**씩 커지는 규칙이 있습니다.

(3) 점선을 따라 접었을 때 만나는 수들은 서로 같습
니다. ➡ ㉠ **2×6=12**, ㉡ **6×2=12**

6-3 가로로 묶어 보면 **8**개씩 **3**묶음 ➡ **8×3=24**
세로로 묶어 보면 **3**개씩 **8**묶음 ➡ **3×8=24**

6-4 두 수의 순서를 바꾸어 곱해도 곱은 항상 같습니다.

6-5 두 수의 순서를 바꾸어 곱을 구합니다.
7×5 ➡ 5×7=35

6-6 곱셈식에서 두 수의 순서를 바꾸어 곱해도 곱은 같습
니다.
5×2=2×5, 7×8=8×7, 6×9=9×6

6-7 **7×8=56 ➡ 8×☐=56, ☐=7**
따라서 색종이를 **8**장씩 묶으면 **7**묶음입니다.

7-1 **5×8=40**(명)

7-2 **4×6=24**(개)

7-3 **4×1**과 **3×3**을 더해서 모두 **13**개입니다.
또, **3×4**에 **1**을 더해서 모두 **13**개입니다.

4단계 실력 팍팍

59~62쪽

1 · · ·

2 ㉡ **3** 14
4 24 **5** 32
6 영수 **7** 0
8 ㉡ **9** 7, 6, 3
10 35 **11** 41
12 36 **13** 풀이 참조
14 60 **15** 27
16 15 **17** 10
18 7 **19** 24
20 50 **21** 4, 3, 4, 0 / 6
22 20

1 **6×2=12, 6×5=30, 6×7=42**

3 (일주일 동안 자전거를 탄 시간)
=(하루에 자전거를 탄 시간)×**7**
=**2×7=14**(시간)

4 (**8**봉지에 들어 있는 구슬 수)
=(한 봉지에 들어 있는 구슬 수)×(봉지 수)
=**3×8=24**(개)

5 (**8**개의 사각형 모양을 만드는 데 필요한 수수깡의 수)
=**4×8=32**(개)

6 **7×4=28, 6×5=30, 8×3=24**
따라서 **24<28<30**이므로 가영이가 말한 곱보다
더 큰 곱을 말한 사람은 영수입니다.

7 **3×0=0**이므로 **7×■=0**이어야 합니다.
따라서 ■에 알맞은 수는 **0**입니다.

8 ㉠ **9×3=27** ㉡ **7×7=49**
㉢ **8×5=40** ㉣ **5×9=45**

10 **4×5=20**이고 **4×7=28**이므로 ㉠=**5**, ㉡=**7**
입니다. 따라서 ㉠×㉡=**5×7=35**입니다.

11 ·(세발자전거 **7**대의 바퀴 수)=**3×7**=**21**(개)
  ·(네발자전거 **5**대의 바퀴 수)=**4×5**=**20**(개)
  ➡ **21＋20**=**41**(개)

12 ·(오리의 다리 수)=**2×8**=**16**(개)
  ·(소의 다리 수)=**4×5**=**20**(개)
  ➡ **16＋20**=**36**(개)

13

×	2	3	4	5	6
3	6	9	12	15	18
4	8	12	16	20	24
5	10	15	20	25	30
6	12	18	24	30	36

14 곱셈표를 점선을 따라 접으면 ㉠과 만나는 수는
  2×4=**8**, ㉡과 만나는 수는 **4×7**=**28**, ㉢과 만
  나는 수는 **8×3**=**24**입니다.
  ➡ **8＋28＋24**=**60**

15 **20**보다 크고 **30**보다 작은 수 중에서 **9**단 곱셈구구
  의 곱은 **9×3**=**27**입니다.

16 **3×3**과 **3×2**를 더하면 모두
  3×3＋3×2=**9＋6**=**15**(개)입니다.
  또, **4×5－5**와 같은 방법으로 구할 수도 있습니다.

17 ㉠ **9×□**=**27**, **□**=**3**   ㉡ **4×0**=**□**, **□**=**0**
  ㉢ **□×8**=**8**, **□**=**1**   ㉣ **□×5**=**30**, **□**=**6**
  따라서 **3＋0＋1＋6**=**10**입니다.

18 (영수가 가지고 있는 사탕 수)=**6×6**=**36**(개),
  (**5×3**)＋(**3×□**)=**36**, **15＋**(**3×□**)=**36**,
  3×□=**36－15**=**21**, **□**=**7**

19 (예슬이가 가지고 있는 색종이의 수)=**3×2**=**6**(장),
  (석기가 가지고 있는 색종이의 수)
  ＝(예슬이가 가지고 있는 색종이의 수)×**4**
  ＝**6×4**=**24**(장)

20 ·(사과의 수)=**8×4**=**32**(개)
  ·(참외의 수)=**6×3**=**18**(개)
  ➡ **32＋18**=**50**(개)

21 ·**2**점에 **1**번 : **2×1**=**2**(점)
  ·**1**점에 **4**번 : **1×4**=**4**(점)
  ·**0**점에 **3**번 : **0×3**=**0**(점)
  ➡ **2＋4＋0**=**6**(점)

22 **3×2**와 **7×2**를 더하면 모두 **20**개입니다.
  ➡ **3×2＋7×2**=**6＋14**=**20**(개)

📝 서술 유형 익히기   63~64쪽

유형 **1**
42, 49, 56, 63 / 7, 7

예제 **1**
40, 48, 56, 64, 72, 풀이 참조

유형 **2**
4, 4, 4, 36, 36 / 2, 18, 18, 36, 36

예제 **2**
풀이 참조

---

1 ▭으로 둘러싸여 있는 수들은 **8**단 곱셈구구입
  니다.
  따라서 **8**씩 커지는 규칙이 있습니다. ─②

평가기준	배점
① 빈칸에 알맞은 수를 써넣은 경우	2점
② 초록색 선으로 둘러싸여 있는 수들의 규칙을 바르게 설명한 경우	2점

2 방법 **1** 예 사탕이 **8**개씩 **6**묶음이므로 **8×6**을 이용
  하여 구합니다. ➡ **8×6**=**48**
  따라서 사탕은 모두 **48**개입니다. ─①
  방법 **2** 예 **8×3**을 **2**번 더하는 방법으로 구합니다.
  ➡ **8×3＋8×3**=**24＋24**=**48**
  따라서 사탕은 모두 **48**개입니다. ─②

평가기준	배점
① **1**가지 방법을 설명한 경우	2점
② 위 ①과 다른 방법으로 설명한 경우	2점

🎲 놀이 수학　　　　　　65쪽

1 21　　　　　　　　　**2** 12
3 지혜

1 3×7=21이므로 21이 적혀 있는 칸에 색칠해야 합니다.

2 3×4=12이므로 12가 적혀 있는 칸에 색칠해야 합니다.

3

18	24	21
27	15	6
9	12	3

(지혜)

18	15	6
3	9	24
21	12	27

(예슬)

단원 평가　　　　　　66~69쪽

1 4, 12　　　　　　　　**2** 5, 25
3 (1) 14　　　　　　　　(2) 24
　　(3) 64　　　　　　　　(4) 45
4 =　　　　　　　　　**5** 7, 0
6 (시계 방향으로) 21, 18, 27, 3, 24
7 1×5　　　　　　　　**8** ④
9 ③
10 2, 12, 8, 48
11 ④, ⑤　　　　　　　**12** 56
13 36　　　　　　　　**14** 풀이 참조
15 0×4=0, 4×3=12 / 16
16 6, 3, 18, 36　　　　**17** 14
18 9
19 ⓔ 7씩 커지는 규칙이 있습니다.
20 풀이 참조　　　　　**21** ㉡
22 풀이 참조, 5　　　　**23** 풀이 참조, 38
24 풀이 참조, 32　　　　**25** 풀이 참조, 4

1 사탕이 3개씩 4묶음 있습니다. ➡ 3×4=12

2 5씩 5번 뛰어 세면 5×5=25입니다.

4 4×9=36, 6×6=36

5 1×7=7, 7×0=0

6 3×7=21, 3×6=18, 3×9=27, 3×1=3, 3×8=24

7 5×0=0, 0×9=0, 1×0=0, 0×3=0, 1×5=5, 4×0=0

8 ① 5×3=15　② 2×7=14　③ 4×2=8
　④ 3×4=12　⑤ 8×2=16
따라서 6×2=12와 곱이 같은 것은 ④입니다.

9 ① 8×2=16　　② 8×3=24
　④ 8×4=32　　⑤ 8×6=48

10 1×2=2, 2×6=12
　　4×2=8, 8×6=48

11 ① 9×2=18　② 7×4=28　③ 3×8=24
　④ 6×6=36　⑤ 4×9=36
따라서 계산 결과가 5×7=35보다 큰 것은 ④, ⑤ 입니다.

12 한 묶음에 8장씩 7묶음을 가지고 있으므로 가영이가 가지고 있는 색종이는 모두 8×7=56(장)입니다.

13 (어머니의 나이)=(예슬이의 나이)×4
　　　　　　　　　=9×4=36(살)

14

×	1	2	3	4	5	6	7	8	9
9	9	18	27	36	45	54	63	72	81

ⓔ 9씩 커지는 규칙이 있습니다.

15 (0×4)+(2×2)+(4×3)
　　=0+4+12
　　=16(점)

16

×	㉠ 6	9	54
6	㉡ 3	㉢ 18	
㉣ 36	27		

- ㉠×9=54 ➡ 6×9=54 ➡ ㉠=6
- 9×㉡=27 ➡ 9×3=27 ➡ ㉡=3
- 6×3=㉢ ➡ ㉢=18
- 6×6=㉣ ➡ ㉣=36

17 4×4에서 2를 빼면 모두
4×4-2=16-2=14(개)입니다.

18 사탕 한 봉지에 들어 있는 사탕 수를 □개라 하면
□×7=63이므로 9×7=63에서 □=9입니다.

19 ■으로 칠한 곳의 수들은 35, 42, 49, 56, 63으로 7단 곱셈구구입니다.
따라서 7씩 커지는 규칙이 있습니다.

20

×	5	6	7	8	9
5	25	30			
6		36			★
7				㉢	
8	㉠				㉣
9		㉡			

21 ★=6×9=9×6=54이므로 9×6인 칸을 찾으면 ㉡입니다.

서술형

22 꽃 한 송이를 접는 데 필요한 색종이의 수는 6장이므로 6단 곱셈구구를 이용합니다.
6×1=6, 6×2=12, 6×3=18, 6×4=24,
6×5=30이므로 색종이 30장으로 꽃을 5송이까지 만들 수 있습니다. ─①

평가기준	배점
① 꽃을 몇 송이까지 만들 수 있는지 바르게 설명한 경우	4점
② 답을 구한 경우	1점

23 일주일은 7일이므로 5주일은 7×5=35(일)입니다.
─①
따라서 겨울 방학은 모두 35+3=38(일)입니다.
─②

평가기준	배점
① 5주일이 며칠인지 구한 경우	2점
② 겨울 방학은 모두 며칠인지 구한 경우	2점
③ 답을 구한 경우	1점

24 한별이네 모둠은 모두 5+3=8(명)이므로─①
필요한 연필은 모두 8×4=32(자루)입니다. ─②

평가기준	배점
① 한별이네 모둠 학생 수를 구한 경우	2점
② 필요한 연필 수를 구한 경우	2점
③ 답을 구한 경우	1점

25 1×9=9, 2×9=18, 3×9=27, 4×9=36,
5×9=45, 6×9=54, ……이므로 □×9가 50보다 크려면 □는 5보다 커야 합니다. ─①
따라서 □ 안에 들어갈 수 있는 수는 6, 7, 8, 9이므로 모두 4개입니다. ─②

평가기준	배점
① □×9가 가능한 경우를 설명한 경우	2점
② □ 안에 들어갈 수 있는 수의 개수를 구한 경우	2점
③ 답을 구한 경우	1점

탐구 수학 70쪽

1 방법2 3, 3, 3, 15, 31
방법3 풀이 참조

1 방법3 예 사과가 9개씩 4줄보다 5개 더 적으므로 9×4에서 5를 빼 줍니다.
9×4-5=36-5=31(개)

생활 속의 수학 71~72쪽

- 15

1단계 개념 탄탄 74쪽

1 (1) 20   (2) 1, 20
    (3) 100, 1, 1, 20

2단계 핵심 쏙쏙 75쪽

1 (1) 1, 1 m
    (2) 40, 1, 40, 미터, 센티미터

2 풀이 참조   **3** 4미터 50센티미터

4 (1) 5   (2) 4
    (3) 200   (4) 700

5 (1) 300, 3, 3, 15   (2) 8, 800, 893
    (3) 5, 14   (4) 963

6 1, 4

7 (1) cm   (2) m

2 $\mathsf{1\,m}\ \ \mathsf{1\,m}\ \ \mathsf{1\,m}$

5 (3) 514 cm = 500 cm + 14 cm
               = 5 m + 14 cm
               = 5 m 14 cm
   (4) 9 m 63 cm = 9 m + 63 cm
                   = 900 cm + 63 cm
                   = 963 cm

1단계 개념 탄탄 76쪽

1 (1) 50   (2) 3
    (3) 3, 50

1 (3) 2 m 30 cm + 1 m 20 cm
       = (2 m + 1 m) + (30 cm + 20 cm)
       = 3 m + 50 cm
       = 3 m 50 cm

2단계 핵심 쏙쏙 77쪽

1 3, 60, 3, 60

2 (1) 3, 65   (2) 7, 55

3 (1) 6, 88   (2) 9, 59

4 (1) 5, 57   (2) 6, 46

5 <   **6** 5, 75

7 4, 58

5   1 m 45 cm
     + 4 m 50 cm
     ————————
       5 m 95 cm
   ➡ 5 m 95 cm < 6 m입니다.

6 2 m 65 cm + 3 m 10 cm = 5 m 75 cm

7 • 가장 긴 길이 : 250 cm
   • 가장 짧은 길이 : 2 m 8 cm
   ➡ 250 cm + 2 m 8 cm
      = 2 m 50 cm + 2 m 8 cm
      = 4 m 58 cm

1단계 개념 탄탄 78쪽

1 (1) 10   (2) 2
    (3) 2, 10

1 (3) 4 m 50 cm − 2 m 40 cm
       = (4 m − 2 m) + (50 cm − 40 cm)
       = 2 m + 10 cm
       = 2 m 10 cm

2단계 핵심 쏙쏙 79쪽

1 1, 30, 1, 30

2 (1) 2, 20   (2) 2, 15

3 (1) 4, 10   (2) 2, 23

4 (1) **3, 23** (2) **5, 40**

5 **3, 15** **6** **>**

7 **1, 30**

4 m는 m끼리, cm는 cm끼리 뺍니다.

5 8 m 75 cm − 5 m 60 cm
$= (8\,m - 5\,m) + (75\,cm - 60\,cm)$
$= 3\,m + 15\,cm$
$= 3\,m\ 15\,cm$

6
$$\begin{array}{r} 5\,m\ 76\,cm \\ -\ 2\,m\ 24\,cm \\ \hline 3\,m\ 52\,cm \end{array}$$

➡ 3 m 52 cm > 3 m입니다.

7 2 m 50 cm − 1 m 20 cm = 1 m 30 cm

---

1 단계 **개념 탄탄** 80쪽

1 5, 5 **2** 10, 5

---

2 단계 **핵심 쏙쏙** 81쪽

1 ㉠, ㉢

2 (1) cm (2) m
(3) m (4) cm

3 ( ) (○) ( )

4 ㉡ **5** 5

6

1 선생님의 키와 교실 문의 높이는 1 m보다 깁니다.

---

2 길이가 짧은 물건의 길이는 cm 단위, 길이가 긴 물건의 길이는 m 단위를 각각 사용하여 어림한 길이를 나타냅니다.

3 1 m가 넘는 길이를 어림하여 '약 몇 m'로 나타낼 수 있으므로 적당하지 않은 것은 1 m가 넘지 않는 색연필의 길이입니다.

---

3 단계 **유형 콕콕** 82~86쪽

1-1 (1) 10 (2) 100

1-2 8미터 27센티미터

1-3 (1) 7 (2) 300
(3) 4, 13 (4) 260

1-4 (1) > (2) <

2-1 1, 13 **2-2** ③

3-1 3, 90

3-2 (1) 3, 95 (2) 5, 37

3-3 (1) 9, 46 (2) 4, 43

3-4 (1) 5, 88 (2) 5, 49

3-5 9, 95 **3-6** 7, 85

3-7 2, 65 **3-8** 115, 90

3-9 2, 79 **3-10** 55, 65

4-1 1, 40, 1, 40

4-2 (1) 1, 36 (2) 5, 12

4-3 (1) 3, 20 (2) 4, 21

4-4 2, 87 **4-5** 2, 72

4-6 2, 55 **4-7** 2, 61

4-8 ㉠ **4-9** 2, 40

4-10 1, 21 **5-1** 4

5-2 예 식탁의 긴 쪽의 길이, 냉장고의 높이

5-3 120

5-4 (1) 125 cm (2) 10 m
(3) 100 cm

5-5 ㉠ **5-6** 5

1-1 (1) 1 m＝100 cm이고 100 cm는 10 cm를 10번
이은 것과 같습니다.
(2) 1 m＝100 cm이고 100 cm는 1 cm를 100번
이은 것과 같습니다.

1-2 m는 미터, cm는 센티미터로 읽습니다.

1-3 (3) 413 cm＝400 cm＋13 cm
＝4 m＋13 cm
＝4 m 13 cm
(4) 2 m 60 cm＝2 m＋60 cm
＝200 cm＋60 cm
＝260 cm

1-4 (1) 5 m 62 cm＝500 cm＋62 cm＝562 cm
➡ 562 cm＞526 cm
(2) 3 m＝300 cm이므로 299 cm＜3 m

2-2 줄자는 공, 나무 둘레 등 둥근 부분이 있는 물건의 길
이를 재는 데 편리합니다.

3-1 2 m 40 cm＋1 m 50 cm
＝(2 m＋1 m)＋(40 cm＋50 cm)
＝3 m＋90 cm＝3 m 90 cm

3-2 cm는 cm끼리, m는 m끼리 더합니다.

3-3 (1)   4 m 30 cm   (2)   3 m 28 cm
  ＋5 m 16 cm   ＋1 m 15 cm
    9 m 46 cm   4 m 43 cm

3-4 (1) 2 m 63 cm＋325 cm
＝2 m 63 cm＋3 m 25 cm
＝(2 m＋3 m)＋(63 cm＋25 cm)
＝5 m 88 cm

3-5 7 m 25 cm＋2 m 70 cm＝9 m 95 cm

3-6 3 m 60 cm＋4 m 25 cm＝7 m 85 cm

3-7 1 m 25 cm＋1 m 40 cm＝2 m 65 cm

3-8 (문구점에서 집을 거쳐 서점까지 가는 거리)
＝(문구점에서 집까지의 거리)
＋(집에서 서점까지의 거리)
＝45 m 40 cm＋70 m 50 cm
＝(45 m＋70 m)＋(40 cm＋50 cm)
＝115 m＋90 cm＝115 m 90 cm

3-9 동민이가 뛴 거리는 133 cm＝1 m 33 cm이므로
동민이와 한별이의 멀리뛰기 기록의 합은 다음과 같
습니다.
1 m 33 cm＋1 m 46 cm
＝(1 m＋1 m)＋(33 cm＋46 cm)
＝2 m 79 cm

3-10 50 m 20 cm＋5 m 45 cm＝55 m 65 cm

4-2 cm는 cm끼리, m는 m끼리 뺍니다.

4-3 (1)   5 m 60 cm   (2)   7 m 85 cm
  －2 m 40 cm   －3 m 64 cm
    3 m 20 cm   4 m 21 cm

4-4 (㉠에서 ㉡까지의 길이)
＝6 m 97 cm－4 m 10 cm
＝(6 m－4 m)＋(97 cm－10 cm)
＝2 m＋87 cm＝2 m 87 cm

4-5 3 m 84 cm－1 m 12 cm＝2 m 72 cm

4-6 7 m 80 cm－5 m 25 cm＝2 m 55 cm

4-7 692 cm－4 m 31 cm
＝6 m 92 cm－4 m 31 cm
＝(6 m－4 m)＋(92 cm－31 cm)
＝2 m＋61 cm＝2 m 61 cm

4-8 ㉠ 7 m 32 cm   ㉡ 7 m 31 cm

4-9 3 m 90 cm－1 m 50 cm＝2 m 40 cm

4-10 (늘어난 고무줄의 길이)
　　　=347 cm−2 m 26 cm
　　　=3 m 47 cm−2 m 26 cm
　　　=(3 m−2 m)+(47 cm−26 cm)
　　　=1 m+21 cm=1 m 21 cm

5-1 국기게양대의 높이는 가영이 키의 **4**배쯤 되므로 약 **4** m입니다.

5-3 책꽂이 한 칸의 높이가 **40** cm이고, 영수의 키는 책꽂이 한 칸 높이의 **3**배쯤 됩니다. 따라서 영수의 키는 약 **120** cm입니다.

5-5 길이가 가장 긴 것으로 잴 때 잰 횟수는 가장 적습니다.

5-6 한 걸음의 길이는 **50** cm이고 축구 골대의 길이는 **50** cm를 **10**번 이은 길이쯤 되므로 약 **5** m입니다.

4 단계 **실력 팍팍** 　　　　　87~88쪽

1 5, 320, 60	**2** ㉠, ㉢, ㉡, ㉣
3 9	**4** 6
5 3, 38	**6** 1, 50
7 10, 57	
8 7, 6, 5, 1, 3, 4, 6, 3, 1	
9 상연	**10** 풀이 참조
11 1, 49	**12** 4

1 •760 cm=7 m 60 cm
　•5 m 30 cm=530 cm
　•320 cm=3 m 20 cm

2 ㉠ 5 m 32 cm=532 cm
　㉣ 5 m 3 cm=503 cm
　➡ 532>530>520>503
　➡ ㉠>㉢>㉡>㉣

3 **18**걸음은 **2**걸음씩 **9**번이므로 약 **9** m입니다.

4 나무가 눈금을 **4**칸 정도 차지하고 있으므로 눈금 한 칸은 약 **1** m를 나타냅니다. 전봇대는 눈금을 **6**칸 정도 차지하므로 전봇대의 높이는 약 **6** m입니다.

5 (파란색 테이프의 길이)
　=(빨간색 테이프의 길이)+1 m 13 cm
　=2 m 25 cm+1 m 13 cm
　=3 m 38 cm

6 (㉠~㉡)=(㉠~㉣)−(㉡~㉣)
　　　　　=8 m 39 cm−4 m 38 cm
　　　　　=4 m 1 cm
　(㉡~㉢)=(㉠~㉢)−(㉠~㉡)
　　　　　=5 m 51 cm−4 m 1 cm
　　　　　=1 m 50 cm

7 •가장 긴 길이 : **545** cm
　•가장 짧은 길이 : **5** m **12** cm
　➡ 545 cm+5 m 12 cm
　　=5 m 45 cm+5 m 12 cm
　　=10 m 57 cm

8 만들 수 있는 가장 긴 길이는 **7** m **65** cm이고 가장 짧은 길이는 **1** m **34** cm입니다.

9 •상연 : 5 m 3 cm+1 m 12 cm=6 m 15 cm
　•효근 : 8 m 26 cm−2 m 14 cm=6 m 12 cm
　6 m 15 cm>6 m 12 cm이므로 가지고 있는 털실의 길이가 더 긴 사람은 상연입니다.

10 사람 영수
　이유 예 2 m 길이와의 차이가 가영이는 **15** cm, 동민이는 **20** cm, 영수는 **5** cm 나기 때문입니다.

11 (나의 길이)=(다의 길이)−30 cm
　　　　　　=1 m 57 cm−30 cm
　　　　　　=1 m 27 cm
　(가의 길이)=(나의 길이)+22 cm
　　　　　　=1 m 27 cm+22 cm
　　　　　　=1 m 49 cm

12 지혜의 양팔 사이의 길이로 **3**번은 **1** m를 **3**번 이은 길이와 같은 길이인 약 **3** m이고, 석기의 걸음으로 **2** 걸음은 약 **1** m입니다. 따라서 칠판의 가로 길이는 약 **3**+**1**=**4**(m)입니다.

놀이 수학   91쪽

1 7	**2** 6
3 5	**4** 동민

1 **1**회 : **3**점, **2**회 : **3**점, **3**회 : **1**점 ➡ **7**점

2 **1**회 : **1**점, **2**회 : **2**점, **3**회 : **3**점 ➡ **6**점

3 **1**회 : **2**점, **2**회 : **1**점, **3**회 : **2**점 ➡ **5**점

4 **7**>**6**>**5**이므로 놀이에서 이긴 사람은 동민이입니다.

서술 유형 익히기   89~90쪽

유형 1
12, **2**, **12**, **2**, **12**, **2**, **12**, **5**, **69** / **5**, **69**

예제 1
풀이 참조, **2**, **58**

유형 2
100, **1**, **15**, **1**, **15**, **1**, **15**, **3**, **24** / **3**, **24**

예제 2
풀이 참조, **8**, **15**

1 126 cm=100 cm+26 cm
          =**1** m+26 cm
          =**1** m 26 cm─①
따라서 두 사람의 키의 합은 다음과 같습니다.
1 m 32 cm+**1** m 26 cm=**2** m 58 cm─②

평가기준	배점
① 126 cm가 몇 m 몇 cm인지 구한 경우	1점
② 두 사람의 키의 합을 식을 세워 구한 경우	2점
③ 답을 구한 경우	1점

2 205 cm=200 cm+5 cm
          =**2** m+5 cm
          =**2** m 5 cm─①
따라서 놀이터의 가로 길이는 다음과 같습니다.
10 m 20 cm─**2** m 5 cm=**8** m 15 cm─②

평가기준	배점
① 205 cm가 몇 m 몇 cm인지 구한 경우	1점
② 놀이터의 가로 길이를 식을 세워 구한 경우	2점
③ 답을 구한 경우	1점

단원 평가   92~95쪽

1 **4**미터 **70**센티미터
2 (1) **8**   (2) **3**, **89**
    (3) **900**   (4) **207**
3 ⑤   **4** ✕
5 <
6 ②
7 **3**   **8** **3**, **50**
9 **6**   **10** **2**, **30**
11 (1) **9**, **49**   (2) **3**, **50**
12 **7**   **13** **9**, **80**
14 **5**, **35**
15 (1) **7**, **58**   (2) **4**, **6**
16 **1**, **44**   **17** **5**, **4**
18 **44**, **30**
19 (1) **234**   (2) **736**
20 **2**, **42**   **21** ㉡
22 풀이 참조, ㉡, ㉢, ㉠, ㉣
23 풀이 참조, **1**, **32**
24 풀이 참조, **2**, **31**
25 풀이 참조, **3**, **60**

1 'm'는 '미터'라 읽고, 'cm'는 '센티미터'라고 읽습니다.

2 (2) 389 cm＝300 cm＋89 cm＝3 m 89 cm
(4) 2 m 7 cm＝200 cm＋7 cm＝207 cm

3 필통의 길이, 손가락의 길이, 동화책의 세로 길이, 한 뼘은 cm로 나타내는 것이 좋고, 교실 문의 높이는 m로 나타내는 것이 좋습니다.

5 7 m 9 cm＝709 cm이므로
709 cm＜718 cm입니다.

6 ① 5 m＝500 cm ② 4 m 6 cm＝406 cm
④ 4 m 62 cm＝462cm
➡ 406 cm＜460 cm＜462 cm,
462 cm＜500 cm＜506 cm

7 동민이의 형의 발뒤꿈치는 3 m와 4 m 사이에 있고,
3 m에 더 가깝습니다. ➡ 약 3 m

> **참고**
> 멀리뛰기 기록을 잴 때에는 발뒤꿈치를 기준으로 합니다.

8 한 걸음의 길이는 50 cm이고 긴 줄넘기의 길이는 50 cm를 7번 이은 길이쯤 되므로 약 350 cm입니다. 따라서 긴 줄넘기의 길이는 약 3 m 50 cm입니다.

9 탑의 높이는 나무의 높이의 3배쯤 됩니다.
탑의 높이는 2 m의 3배쯤 되므로 약 6 m입니다.

10 1 m짜리 줄로 2번 재면 2 m이고, 30 cm쯤 더 재어야 하므로 교실 문의 높이는 약 2 m 30 cm입니다.

13
```
    8 m  54 cm
 ＋ 1 m  26 cm
    9 m  80 cm
```

14 (ⓛ에서 ⓒ까지의 길이)
＝(ⓐ에서 ⓒ까지의 길이)－(ⓐ에서 ⓛ까지의 길이)
＝8 m 75 cm－3 m 40 cm
＝5 m 35 cm

15 (1) 6 m 23 cm＋135 cm
＝6 m 23 cm＋1 m 35 cm
＝7 m 58 cm
(2) 8 m 76 cm－470 cm
＝8 m 76 cm－4 m 70 cm
＝4 m 6 cm

16 (예슬이의 키)＝(동민이의 키)＋15 cm
＝1 m 29 cm＋15 cm
＝1 m 44 cm

17 (남은 리본의 길이)
＝(처음 리본의 길이)－(사용한 리본의 길이)
＝8 m 27 cm－3 m 23 cm
＝5 m 4 cm

18 (학교에서 집까지의 거리)
－(학교에서 우체국까지의 거리)
＝71 m 60 cm－27 m 30 cm
＝44 m 30 cm

19 (1) 8 m 68 cm－6 m 34 cm
＝2 m 34 cm＝234 cm
(2) 8 m 59 cm－1 m 23 cm
＝7 m 36 cm＝736 cm

20 2 m 34 cm＝234 cm이므로
476 cm＞243 cm＞2 m 34 cm입니다.
➡ 476 cm－2 m 34 cm
＝4 m 76 cm－2 m 34 cm
＝2 m 42 cm

21 ㉠ 4 m 80 cm－1 m 50 cm＝3 m 30 cm
㉡ 2 m 15 cm＋1 m 70 cm＝3 m 85 cm

> **서술형**

22 ㉠ 5 m 2 cm＝502 cm, ㉡ 5 m 10 cm＝510 cm,
㉣ 5 m＝500 cm입니다. －①
㉡ 520 cm＞㉢ 510 cm＞㉠ 502 cm＞㉣ 500 cm
이므로 길이가 가장 긴 것부터 차례대로 기호를 쓰면
㉡, ㉢, ㉠, ㉣입니다. －②

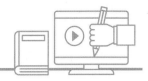

평가기준	배점
① 단위를 맞춘 경우	2점
② 길이가 가장 긴 것부터 차례대로 기호를 쓴 경우	2점
③ 답을 구한 경우	1점

23 동민이의 키는 의자에 올라서서 바닥에서부터 머리 끝까지 잰 길이에서 의자의 높이를 뺀 길이와 같습니다. ─①

➡ 1 m 64 cm−32 cm=1 m 32 cm ─②

평가기준	배점
① 풀이 과정을 설명한 경우	2점
② 키는 몇 m 몇 cm인지 식을 세워 구한 경우	2점
③ 답을 구한 경우	1점

24 ㉡에서 ㉣까지의 길이는 다음과 같습니다.

3 m 25 cm+3 m 30 cm=6 m 55 cm ─①

㉠에서 ㉡까지의 길이는 다음과 같습니다.

8 m 86 cm−6 m 55 cm=2 m 31 cm ─②

평가기준	배점
① ㉡에서 ㉣까지의 길이를 구한 경우	2점
② ㉠에서 ㉡까지의 길이를 구한 경우	2점
③ 답을 구한 경우	1점

25 1 m 20 cm

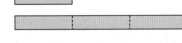

긴 막대의 길이는 짧은 막대의 길이의 **3**배쯤 되므로 다음과 같습니다. ─①

1 m 20 cm+1 m 20 cm+1 m 20 cm
=2 m 40 cm+1 m 20 cm
=3 m 60 cm

따라서 긴 막대의 길이는 약 **3 m 60 cm**입니다.

─②

평가기준	배점
① 긴 막대의 길이는 짧은 막대의 길이의 몇 배쯤 되는지 구한 경우	2점
② 긴 막대의 길이는 약 몇 m 몇 cm인지 구한 경우	2점
③ 답을 구한 경우	1점

탐구 수학　96쪽

1 2, 22	**2** 39
3 15	

1 222 cm=200 cm+22 cm
　　　=2 m+22 cm
　　　=2 m 22 cm

2 2 m 39 cm−200 cm
=2 m 39 cm−2 m
=39 cm

3 2 m 60 cm−245 cm
=2 m 60 cm−2 m 45 cm
=15 cm

생활 속의 수학　97~98쪽

• 예 같은 단위로 맞춰서 cm는 cm끼리, m는 m끼리 계산합니다.

1단계 개념 탄탄 100쪽

1 (1) 6, 7, 4   (2) 6, 20
2 (1) 2, 3, 2   (2) 2, 27

1 (2) 시계에서 짧은바늘이 **6**과 **7** 사이를 가리키므로 **6**시이고, 긴바늘이 **4**를 가리키므로 **20**분을 나타냅니다.

2단계 핵심 쏙쏙 101쪽

1 (1) 9, 10   (2) 3
    (3) 9, 15
2 2, 30   **3** 8, 2
4 풀이 참조   **5** 풀이 참조
6

3 짧은바늘이 **8**과 **9** 사이를 가리키므로 **8**시이고, 긴바늘이 **12**에서 작은 눈금 **2**칸을 더 갔으므로 **2**분을 나타냅니다.

4 **2**시 **35**분이므로 짧은바늘은 **2**와 **3** 사이, 긴바늘은 **7**을 가리키도록 그립니다.

5 **8**시 **21**분이므로 짧은바늘은 **8**과 **9** 사이, 긴바늘은 **4**에서 작은 눈금 한 칸 더 간 곳을 가리키도록 그립니다.

1단계 개념 탄탄 102쪽

1 (1) 4, 5   (2) 10
    (3) 4, 50   (4) 10, 10
2 (1) 8, 55   (2) 풀이 참조

1 (3) 짧은바늘이 **4**와 **5** 사이에 있고 긴바늘이 **10**을 가리키므로 **4**시 **50**분입니다.
    (4) **4**시 **50**분은 **5**시가 되기 **10**분 전이므로 **5**시 **10**분 전이라고도 합니다.

2 (2)

2단계 핵심 쏙쏙 103쪽

1 (1) 55   (2) 5
    (3) 5
2 5, 50 / 6, 10   **3** 2, 45 / 3, 15
4 풀이 참조   **5** 풀이 참조
6

2 **5**시 **50**분은 **6**시 **10**분 전입니다.

3 **2**시 **45**분은 **3**시 **15**분 전입니다.

4 **3**시 **5**분 전은 **2**시 **55**분입니다.

5 **5**시 **15**분 전은 **4**시 **45**분입니다.

6 · **11**시 **10**분 전은 **10**시 **50**분입니다.
   · **10**시 **15**분 전은 **9**시 **45**분입니다.
   · **2**시 **10**분 전은 **1**시 **50**분입니다.

1단계 개념 탄탄　　　　　　　　104쪽

1 풀이 참조, 1, 20, 80

1

3시 10분 20분 30분 40분 50분 4시 10분 20분 30분 40분 50분 5시

3시 $\xrightarrow{1시간}$ 4시 $\xrightarrow{20분}$ 4시 20분

따라서 숙제를 하는 데 걸린 시간은 1시간 20분입니다.

2단계 핵심 쏙쏙　　　　　　　　105쪽

1 1　　　　　　　　　　**2** 4, 30
3 (1) 1　　　　　　　　(2) 1, 50
　　(3) 135
4 풀이 참조, 40　　　**5** 풀이 참조
6 35　　　　　　　　　**7** 4

2 시계의 긴바늘이 한 바퀴 도는 데 걸리는 시간은 1시간이므로 4시 30분입니다.

3 (2) 110분＝60분＋50분
　　　　　＝1시간＋50분
　　　　　＝1시간 50분
　　(3) 2시간 15분＝2시간＋15분
　　　　　　　＝60분＋60분＋15분
　　　　　　　＝135분

4

8시 10분 20분 30분 40분 50분 9시

5

5시 30분에서 30분 후이면 6시입니다.

6 6시 50분 $\xrightarrow{10분}$ 7시 $\xrightarrow{25분}$ 7시 25분

따라서 밥을 먹는 데 걸린 시간은 35분입니다.

7 시계의 긴바늘이 2바퀴 돌았으므로 영화 상영 시간은 2시간입니다.

2시 $\xrightarrow{2시간}$ 4시

1단계 개념 탄탄　　　　　　　　106쪽

1 오전, 오후
2 (1) 풀이 참조　　　(2) 7

2 (1) (오전)
12 1 2 3 4 5 6 7 8 9 10 11 12

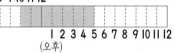

1 2 3 4 5 6 7 8 9 10 11 12
(오후)

2단계 핵심 쏙쏙　　　　　　　　107쪽

1 (1) 8　　　　　　　　(2) 9
　　(3) 풀이 참조　　　(4) 13
2 (1) 27　　　　　　　(2) 72
　　(3) 1, 5
3 (1) 오전　　　　　　(2) 오후
4 (1) 오전　　　　　　(2) 오후
　　(3) 오후　　　　　　(4) 오전
5 (○)(　)　　　**6** (　)(○)

1 (3) (오전)
12 1 2 3 4 5 6 7 8 9 10 11 12

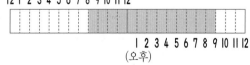

1 2 3 4 5 6 7 8 9 10 11 12
(오후)

　　(4) 그림에서 한 칸은 1시간을 나타내고, 색칠한 칸은 13칸이므로 걸린 시간은 13시간입니다.

2 (1) 1일 3시간＝24시간＋3시간＝27시간
　　(2) 3일＝24시간＋24시간＋24시간＝72시간
　　(3) 29시간＝24시간＋5시간＝1일 5시간

5 **2**일＝**24**시간＋**24**시간＝**48**시간

6 **1**일 **4**시간＝**28**시간

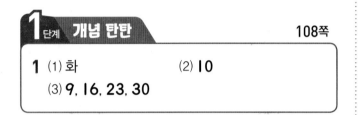

1단계 **개념 탄탄**   108쪽

> **1** (1) 화   (2) **10**
>   (3) **9, 16, 23, 30**

1 (3) **7**일마다 같은 요일이 반복됩니다.

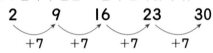

2단계 **핵심 쏙쏙**   109쪽

> **1** **11**
> **2** **7**일, **14**일, **21**일, **28**일
> **3** 토요일   **4** 일요일
> **5** (1) **14**   (2) **3**
>   (3) **24**   (4) **1, 3**
> **6** (1) 토   (2) 목
> **7** (   )(○)
>   (○)(   )

1 **1**주일은 **7**일입니다. ➡ **4**＋**7**＝**11**(일)

2 **7**일마다 같은 요일이 반복됩니다.

4 **7**월 **31**일이 수요일이므로 **8**월 **1**일은 목요일입니다.
따라서 **8**월 **4**일은 일요일입니다.

5 (2) **21**일＝**7**일＋**7**일＋**7**일＝**3**주일
   (4) **15**개월＝**12**개월＋**3**개월＝**1**년 **3**개월

6 (1) **12**일 수요일에서 **3**일 후는 **15**일 토요일입니다.
   (2) **5**일 목요일에서 **14**일 후는 **19**일 목요일입니다.

3단계 **유형 콕콕**   110~114쪽

> **1-1** (1) **5**   (2) **15**
>   (3) **55**
> **1-2** **40**   **1-3** **1**분
> **1-4** (1) **9, 10**   (2) **7**
>   (3) **9, 35**
> **1-5** (1) **7, 48**   (2) **1, 54**
> **1-6**
>   （교차 선）
> **1-7** (1) **1, 2**   (2) **5**
>   (3) 풀이 참조
> **1-8** 풀이 참조
> **1-9** (1) 풀이 참조   (2) 풀이 참조
> **2-1** **9, 50, 10, 10**
> **2-2** (1) **12, 5**   (2) **2, 50**
> **3-1** (1) **3**   (2) **3, 45**
>   (3) **45**
> **3-2** (1) **150**   (2) **2, 10**
> **3-3** **3**   **3-4** **1, 40**
> **3-5** **5, 20**
> **4-1** (1) 오전   (2) 오후
> **4-2** (1) 오후   (2) 오전
>   (3) 오전   (4) 오후
> **4-3** 풀이 참조, **5**
> **4-4** (1) **24**   (2) **2**
>   (3) **28**
> **4-5** 오전, 오후   **4-6** **11, 30**
> **5-1** (1) **11, 18, 25**   (2) 금
> **5-2** (1) **28**   (2) **25**
>   (3) **36**   (4) **29**
> **5-3** ②   **5-4** **38**
> **5-5** **4, 23**   **5-6** **4**

1-2 시계의 긴바늘이 **8**을 가리키면 **40**분을 나타냅니다.

1-7 (3)

1-8

긴바늘이 **7**을 가리키도록 그립니다.

1-9 (1) 　　(2)

2-1 짧은바늘이 **9**와 **10** 사이, 긴바늘이 **10**을 가리키므로 **9**시 **50**분입니다. **9**시 **50**분은 **10**시 **10**분 전이라고도 읽습니다.

2-2 (1) **11**시 **55**분에서 **5**분이 더 지나야 **12**시가 되므로 **12**시 **5**분 전입니다.

3-2 (1) **2**시간 **30**분＝**2**시간＋**30**분
　　　　　　＝**120**분＋**30**분
　　　　　　＝**150**분
　　(2) **130**분＝**60**분＋**60**분＋**10**분
　　　　　＝**2**시간＋**10**분
　　　　　＝**2**시간 **10**분

3-3 **3**시 $\xrightarrow{\text{1시간 후}}$ **4**시 $\xrightarrow{\text{1시간 후}}$ **5**시 $\xrightarrow{\text{1시간 후}}$ **6**시

3-4 **6**시 **40**분 $\xrightarrow{\text{1시간 후}}$ **7**시 **40**분 $\xrightarrow{\text{20분 후}}$ **8**시 ——
$\xrightarrow{\text{20분 후}}$ **8**시 **20**분
따라서 지혜가 동화책을 읽은 시간은 **1**시간 **40**분입니다.

3-5 **4**시 **30**분 $\xrightarrow{\text{30분 후}}$ **5**시 $\xrightarrow{\text{20분 후}}$ **5**시 **20**분

4-3 (오전)
| 12 | 1 | 2 | 3 | 4 | 5 | 6 | 7 | 8 | 9 | 10 | 11 | 12 |
1 2 3 4 5 6 7 8 9 10 11 12
(오후)

시간 띠에서 한 칸은 **1**시간, 색칠한 칸은 **5**칸이므로 학교에서 생활한 시간은 **5**시간입니다.

4-4 (2) **48**시간＝**24**시간＋**24**시간
　　　　　＝**1**일＋**1**일＝**2**일
　　(3) **1**일 **4**시간＝**24**시간＋**4**시간
　　　　　　　＝**28**시간

4-6 오전 **9**시부터 낮 **12**시까지는 **3**시간이고, 낮 **12**시부터 오후 **8**시 **30**분까지는 **8**시간 **30**분이므로 걸린 시간은 모두 **11**시간 **30**분입니다.

5-2 (1) **4**주일＝**7**일＋**7**일＋**7**일＋**7**일
　　　　　＝**28**일
　　(2) **3**주일 **4**일＝**3**주일＋**4**일
　　　　　　＝**21**일＋**4**일
　　　　　　＝**25**일
　　(3) **3**년＝**12**개월＋**12**개월＋**12**개월
　　　　　＝**36**개월
　　(4) **2**년 **5**개월＝**1**년＋**1**년＋**5**개월
　　　　　　＝**12**개월＋**12**개월＋**5**개월
　　　　　　＝**29**개월

5-3 ① **4**월 : **30**일
　　③ **8**월 : **31**일
　　④ **2**월 : **28**일 또는 **29**일
　　⑤ **9**월 : **30**일

5-4 **3**년 **2**개월＝**1**년＋**1**년＋**1**년＋**2**개월
　　　　　＝**12**개월＋**12**개월＋**12**개월＋**2**개월
　　　　　＝**38**개월

5-5 **1**주일은 **7**일이므로 **9**일에서 **2**주일 후는
9＋**7**＋**7**＝**23**(일)입니다.
따라서 지혜의 생일은 **4**월 **23**일입니다.

5-6 **8**월 **6**일이 수요일이므로 **13**일, **20**일, **27**일은 수요일입니다.

4 단원 시각과 시간

4 단계 실력 팍팍

115~118쪽

1 12, 33		**2** 풀이 참조	
3 10, 55		**4** 짧은, 8, 9, 긴, 9	
5 웅이		**6** 가영	
7 양치질 하기, 책 읽기, 운동하기			
8 풀이 참조, 7, 10			
9 8, 15		**10** 5	
11 ㉢		**12** 석기	
13 풀이 참조		**14** 4, 45	
15 1, 50		**16** 7	
17 3, 45		**18** 10, 오전, 3	
19 수요일		**20** 토요일	
21 예슬이, 2		**22** 9, 12	
23 8, 25		**24** 3, 3	

1 짧은바늘이 숫자 12와 1 사이를 가리키므로 12시이고, 긴바늘이 숫자 6에서 작은 눈금으로 3칸 더 간 곳을 가리키므로 33분입니다.
따라서 시계가 나타내는 시각은 12시 33분입니다.

2 ㉣ 나는 10시 15분에 운동장에서 친구들과 축구를 하였습니다.

3 긴바늘이 작은 눈금 10칸을 움직이면 10분이 지난 것입니다. 따라서 시계가 나타내는 시각 10시 45분에서 10분이 더 지난 10시 55분입니다.

5 시계가 나타내는 시각은 9시 45분이므로 10시 15분 전이라고 말할 수 있습니다.

6 가영이가 일어난 시각은 아침 6시 45분이므로 더 일찍 일어난 사람은 가영입니다.

8 이유 ㉣ 시계의 긴바늘이 가리키는 숫자 2를 10분이 아니라 2분이라고 읽었기 때문입니다.

9 짧은바늘이 숫자 8과 9 사이를 가리키고, 긴바늘이 숫자 3을 가리키므로 시계가 나타내는 시각은 8시 15분입니다.

10 시계에서 짧은바늘이 숫자 3에서 8까지 가는 데 걸린 시간은 5시간입니다. 따라서 긴바늘은 모두 5바퀴를 돕니다.

11 ㉠ 2시간=60분+60분=120분
㉢ 2시간 30분=60분+60분+30분
=150분

12 동민이가 책을 읽은 시간은 50분이고 석기가 책을 읽은 시간은 60분입니다. 따라서 책을 더 오래 읽은 사람은 석기입니다.

13 3시에서 1시간 전은 2시, 2시간 전은 1시, 3시간 전은 12시, 4시간 전은 11시입니다.

14 한별이가 운동을 마친 시각은 5시 40분이고, 55분 동안 운동을 하였으므로 한별이가 운동을 시작한 시각은 4시 45분입니다.
5시 40분 $\xrightarrow{40분 전}$ 5시 $\xrightarrow{15분 전}$ 4시 45분

15 3시 20분의 1시간 전은 2시 20분이고, 2시 20분의 30분 전은 1시 50분입니다.
따라서 이 영화는 1시 50분에 시작하였습니다.

16 오전 8시 $\xrightarrow{4시간 후}$ 낮 12시 $\xrightarrow{3시간 후}$ 오후 3시
따라서 효근이가 학교에 다녀올 때까지 걸린 시간은 7시간입니다.

17 전반전이 끝난 시각은 오후 2시 45분이고, 후반전이 시작된 시각은 오후 3시이므로 축구 경기가 끝나는 시각은 오후 3시 45분입니다.

18 짧은바늘이 한 바퀴 돌면 12시간입니다.
9일 오후 3시 $\xrightarrow{12시간 후}$ 10일 오전 3시

19 1일은 화요일이므로 1+(7×4)=29(일)도 화요일입니다. 따라서 30일은 수요일입니다.

20 9일부터 14일 후인 23일은 9일과 같은 수요일입

니다. **9**일부터 **17**일 후는 **23**일부터 **3**일 후인 **26**일로 토요일입니다.

21 2년 4개월＝28개월
따라서 예슬이가 **28－26＝2**(개월) 더 배웠습니다.

22 오전 **9**시부터 오후 **9**시까지는 **12**시간입니다.
1시간 동안 **1**분씩 빨라지므로 **12**시간 동안에는 **12**분 빨라집니다. 따라서 오후 **9**시에 한솔이의 시계가 가리키는 시각은 **12**분 빠른 오후 **9**시 **12**분입니다.

23 **7**월은 **31**일까지 있으므로 **7**월 중 방학 기간은
31－24＝7(일), **8**월 중 방학 기간은
31－7＝24(일)입니다.
따라서 개학식 날짜는 **8**월 **25**일입니다.

24 **7**월 **19**일부터 **31**일까지는 **31－19＝12**(일) 남았고 **8**월 **1**일부터 **8**월 **12**일까지는 **12**일간이므로
12＋12＝24(일) 남았습니다.
24＝(7×3)＋3이므로 **3**주일 **3**일 남았습니다.

서술 유형 익히기
119~120쪽

유형 1
35, 25, 60, 60, 7, 30 / 7, 30

예제 1
풀이 참조, 4, 15

유형 2
4, 4, 11, 18, 25, 4 / 4

예제 2
풀이 참조, 4

1 영수가 드라마를 보고 책을 읽은 시간은
40＋20＝60(분)입니다. －①
따라서 영수가 드라마를 보기 시작한 시각은 **5**시 **15**분의 **60**분 전인 **4**시 **15**분입니다. －②

평가기준	배점
① 영수가 드라마를 보고 책을 읽은 시간은 모두 몇 분인지 구한 경우	2점
② 드라마를 보기 시작한 시각을 구한 경우	2점
③ 답을 구한 경우	1점

2 **8**월의 첫째 수요일은 **5**일입니다. －①
따라서 이번 달의 수요일은 **5**일, **12**일, **19**일, **26**일이므로 피아노 학원을 모두 **4**번 갈 수 있습니다. －②

평가기준	배점
① 8월의 첫째 수요일의 날짜를 모두 구한 경우	2점
② 8월에 피아노 학원을 갈 수 있는 횟수를 구한 경우	2점
③ 답을 구한 경우	1점

놀이 수학
121쪽

1 영수	2 풀이 참조

1 ・동민, 한별 : **4**시 **45**분과 **4**시 **50**분을 나타내는 카드가 섞여 있습니다.
・영수 : 모두 **4**시 **55**분을 나타내는 카드입니다.

2
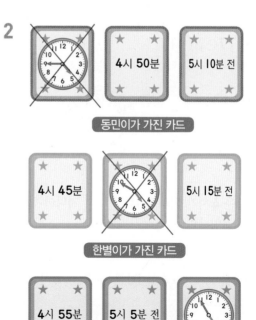

단원 평가

122~125쪽

1 40

2 (1) **7, 17**　　　(2) **4, 58**

3 (1) 풀이 참조　　(2) 풀이 참조

4 **4, 10**

5 (1) **3, 10**　　　(2) **4, 30**
　　(3) **1, 20**

6 (1) **105**　　　(2) **1, 25**

7 풀이 참조　　　**8** ③

9 **3**

10 (1) **21**　　　(2) **2, 4**
　　(3) **14**　　　(4) **2, 1**

11 **7**　　　　**12** **20**

13 7일, 14일, 21일, 28일

14 **2, 50**　　　**15** 풀이 참조

16 한솔　　　**17** 풀이 참조

18 **5, 23**　　　**19** **95**

20 **27**　　　**21** **40**

22 풀이 참조, 화요일　**23** 풀이 참조, **5, 40**

24 풀이 참조, **31**　**25** 풀이 참조, **6, 50**

---

2 (1) 짧은바늘이 숫자 **7**과 **8** 사이에 있으므로 **7**시이고, 긴바늘이 숫자 **3**에서 작은 눈금 **2**칸을 더 갔으므로 **17**분입니다.

3 (1) 　　(2)

4 **3**시 **50**분은 **4**시가 되려면 **10**분이 더 지나야 하므로 **4**시 **10**분 전입니다.

5 (3) **3**시 **10**분 $\xrightarrow{\text{1시간 후}}$ **4**시 **10**분 $\xrightarrow{\text{20분 후}}$ **4**시 **30**분
　　⇒ **1**시간 **20**분

6 (1) **1**시간 **45**분 = **1**시간 + **45**분
　　　　　　　　 = **60**분 + **45**분 = **105**분

(2) **85**분 = **60**분 + **25**분
　　　 = **1**시간 + **25**분
　　　 = **1**시간 **25**분

7

9 그림에서 한 칸은 **1**시간을 나타내고, 색칠한 칸은 **3**칸이므로 **3**시간입니다.

10 (2) **18**일 = **7**일 + **7**일 + **4**일
　　　　　 = **1**주일 + **1**주일 + **4**일
　　　　　 = **2**주일 **4**일

(4) **25**개월 = **12**개월 + **12**개월 + **1**개월
　　　　　 = **1**년 + **1**년 + **1**개월
　　　　　 = **2**년 **1**개월

11 같은 요일은 **7**일마다 반복됩니다.

12 이 달의 둘째 일요일은 **13**일이고 **7**일마다 같은 요일이 반복되므로 셋째 일요일은 **13**+**7**=**20**(일)입니다.

13 **3**월은 **31**일까지 있습니다. 첫째 월요일은 **7**일, 둘째 월요일은 **14**일, 셋째 월요일은 **14**+**7**=**21**(일), 넷째 월요일은 **21**+**7**=**28**(일)입니다.

14 짧은바늘이 숫자 **2**와 **3** 사이, 긴바늘이 숫자 **10**을 가리키므로 시계가 나타내는 시각은 **2**시 **50**분입니다.

15

일	월	화	수	목	금	토
					1	2	3
4	5	6	7	8	9	10
11	12	13	14	15	16	17
18	19	20	21	22	23	24
25	26	27	28	29	30	31

달력을 만든 후 **7**일마다 같은 요일이 반복되는지 확인합니다.

16 **8**시 **10**분 전은 **7**시 **50**분이므로 한솔이가 도착한 시각은 **7**시 **50**분입니다. 따라서 한솔이가 먼저 도착하였습니다.

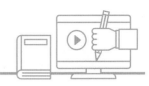

17

7시 30분 $\xrightarrow{\text{27분 후}}$ 7시 57분

7시 57분은 짧은바늘이 숫자 7과 8 사이를 가리키고 긴바늘이 숫자 11에서 작은 눈금 2칸을 더 간 곳을 가리킵니다.

18 2일부터 3주일 후는 2+7+7+7=23(일)입니다.

19 3시 15분 $\xrightarrow{\text{1시간 후}}$ 4시 15분 $\xrightarrow{\text{35분 후}}$ 4시 50분

➡ 1시간+35분=60분+35분=95분

20 첫째 월요일이 1일이므로 둘째 월요일은 8일, 셋째 월요일은 15일, 넷째 월요일은 22일입니다. 넷째 토요일은 넷째 월요일에서 5일 후이므로 22일에서 5일 후인 27일입니다.

21 8월에는 22일부터 31일까지 10일 동안 전시회를 하고, 9월은 1일부터 30일까지 30일 동안 전시회를 합니다. 따라서 전시회를 하는 기간은 10+30=40(일)입니다.

서술형

22 1일은 토요일이고 7일마다 같은 요일이 반복되므로 1+7+7+7=22(일)도 토요일입니다. ─①

따라서 22일부터 3일 후인 25일은 화요일입니다. ─②

평가기준	배점
① 1주일이 7일임을 알고 25일에 가장 가까운 토요일을 구한 경우	2점
② 25일은 무슨 요일인지 구한 경우	2점
③ 답을 구한 경우	1점

23 오전 9시 50분 $\xrightarrow{\text{5시간 후}}$ 오후 2시 50분 ─

$\xrightarrow{\text{40분 후}}$ 오후 3시 30분─①

따라서 걸린 시간은 5시간 40분입니다. ─②

평가기준	배점
① 걸린 시간을 구하는 과정을 바르게 쓴 경우	2점
② 집을 출발한 후부터 집에 도착할 때까지 걸린 시간을 구한 경우	2점
③ 답을 구한 경우	1점

24 1년은 12개월입니다. ─①

2년 7개월=1년+1년+7개월

=12개월+12개월+7개월

=31개월─②

평가기준	배점
① 1년이 12개월임을 알고 있는 경우	1점
② 발레를 배운 개월 수를 구한 경우	3점
③ 답을 구한 경우	1점

25 시계의 긴바늘이 한 바퀴 도는 데 1시간이 걸리고, 반 바퀴 도는 데 30분이 걸립니다. ─①

5시 20분 $\xrightarrow{\text{1시간 후}}$ 6시 20분 $\xrightarrow{\text{30분 후}}$ 6시 50분

따라서 웅이가 숙제를 마친 시각은 오후 6시 50분입니다. ─②

평가기준	배점
① 시계의 긴바늘이 한 바퀴 반을 돌았을 때 걸리는 시간을 알고 있는 경우	2점
② 웅이가 숙제를 마친 시각을 구한 경우	2점
③ 답을 구한 경우	1점

탐구 수학　　126쪽

1 12 / 2, 5 / 3, 10 / 2 / 풀이 참조

1 ⑩ 예슬이는 2016년 5월 2일에 태어났습니다. 태어난 날로부터 12개월 후 돌잔치를 하였습니다. 돌잔치를 한지 2년 5개월 후인 2019년 10월 2일 예슬이는 처음으로 세발자전거를 탔습니다. 돌잔치를 하고 3년 10개월 후에는 유치원에 입학했고 그로부터 2년 후인 2013년 3월 2일에는 초등학교에 입학했습니다.

생활 속의 수학　　127~128쪽

• 1시간=60분, 하루=24시간

• 1주일=7일, 1년=12개월

1단계 개념 탄탄 130쪽

1 5, 2, 14

1 좋아하는 꽃별로 학생 수를 세어 봅니다.
➡ 장미 : 5명, 튤립 : 2명
합계는 조사한 학생 수를 모두 더하여 구합니다.
➡ 4+5+3+2=14(명)

2단계 핵심 쏙쏙 131쪽

1 토끼 : 범준, 세진, 수지
고양이 : 유미, 예슬, 진성
햄스터 : 승철, 동훈

2 4, 3, 3, 2, 12

3 ㉢   **4** 5

5 8, 2, 1, 3, 1, 15

4 연필, 지우개, 자, 공책, 필통 ➡ 5가지

1단계 개념 탄탄 132쪽

1 풀이 참조

1
취미별 학생 수

4	○			
3	○		○	
2	○	○	○	
1	○	○	○	○
학생 수(명)\취미	운동	독서	게임	노래

취미가 독서인 학생은 2명이므로 ○를 2개 그리고,
취미가 게임인 학생은 3명이므로 ○를 3개 그립니다.

2단계 핵심 쏙쏙 133쪽

1 5   **2** 풀이 참조
3 윷놀이, 8   **4** 21
5 7   **6** 풀이 참조

1 팽이치기를 좋아하는 학생 수는 5명이므로 ○를 5개 그려야 합니다.

2
좋아하는 민속놀이별 학생 수

8	○			
7	○			
6	○			○
5	○		○	○
4	○		○	
3	○	○	○	○
2	○	○	○	○
1	○	○	○	○
학생 수(명)\민속놀이	윷놀이	연날리기	팽이치기	제기차기

표를 보고 좋아하는 민속놀이별 학생 수만큼 아래에서 위로 ○를 그립니다.

3 그래프에서 ○가 가장 많은 민속놀이는 윷놀이이고, 8명입니다.

4 6+5+7+3=21(명)

5 가장 많은 학생이 가 보고 싶어 하는 나라는 중국으로 7명입니다.
따라서 세로는 7칸까지 나타낼 수 있어야 합니다.

7
가 보고 싶어 하는 나라별 학생 수

7			×	
6	×		×	
5	×	×	×	
4	×	×	×	
3	×	×	×	×
2	×	×	×	×
1	×	×	×	×
학생 수(명)\나라	미국	일본	중국	영국

1단계 개념 탄탄
134쪽

1 과학책, 위인전

1 그래프에서 ○가 가장 많은 책은 과학책이고, ○가 가장 적은 책은 위인전입니다.

2단계 핵심 쏙쏙
135쪽

1 3, 3, 4, 2, 12   **2** 풀이 참조
3 장미   **4** ㉡
5 4   **6** 6

2

좋아하는 꽃별 학생 수

학생 수(명) / 꽃	백합	민들레	장미	국화
4			○	
3	○	○	○	
2	○	○	○	○
1	○	○	○	○

4 그래프로 나타내면 가장 많은 것과 가장 적은 것이 어느 것인지 한눈에 알아보기 편리합니다.

5 그래프에서 ○가 가장 많은 달은 4월입니다.

6 8−2=6(일)

3단계 유형 콕콕
136~140쪽

1-1 4   **1-2** 3
1-3 4, 5, 3, 12   **1-4** 6
1-5 20   **1-6** 6, 5, 4, 5, 20
1-7 4, 3, 2, 3, 12   **1-8** 햄스터
1-9 7, 9, 8, 7, 8 / 2, 3, 1, 6
1-10 32   **2-1** 학생 수
2-2 봄   **2-3** 풀이 참조
2-4 봄, 겨울, 여름, 가을

2-5 5   **2-6** 풀이 참조
2-7 가영, 지혜   **2-8** 한별, 5
2-9 풀이 참조
3-1 4, 2, 2, 1, 9 / 풀이 참조
3-2 1   **3-3** 떡볶이
3-4 그래프   **3-5** 6
3-6 3, 2, 4, 9   **3-7** 풀이 참조
3-8 동민   **3-9** 5
3-10 풀이 참조   **3-11** 5
3-12 웅이, 가영

1-1 로봇을 좋아하는 학생은 웅이, 수정, 수지, 용호로 4명입니다.

1-2 학생들이 좋아하는 장난감은 로봇, 자동차, 구슬로 모두 3가지입니다.

1-3 좋아하는 장난감별로 학생 수를 세어 보면 로봇 4명, 자동차 5명, 구슬 3명으로 모두 4+5+3=12(명)입니다.

1-6 종류별로 채소의 개수를 세어 보면 당근 6개, 오이 5개, 양파 4개, 무 5개로 모두 6+5+4+5=20(개)입니다.

1-8 표에서 햄스터를 기르고 있는 학생이 2명인데 조사한 자료에는 1명뿐이므로 1명이 모자랍니다.
따라서 영수가 기르고 있는 동물은 햄스터입니다.

1-9 박한별 → ㅂ, ㅏ, ㄱ, ㅎ, ㅏ, ㄴ, ㅂ, ㅕ, ㄹ ➡ 9개
김지혜 → ㄱ, ㅣ, ㅁ, ㅈ, ㅣ, ㅎ, ㅖ ➡ 7개
이석기 → ㅇ, ㅣ, ㅅ, ㅓ, ㄱ, ㄱ, ㅣ ➡ 7개
노동민 → ㄴ, ㅗ, ㄷ, ㅗ, ㅇ, ㅁ, ㅣ, ㄴ ➡ 8개
이신영 → ㅇ, ㅣ, ㅅ, ㅣ, ㄴ, ㅇ, ㅕ, ㅇ ➡ 8개

1-10 토요일에 먹은 사탕 수는 수요일에 먹은 사탕 수보다 1개가 적으므로 5−1=4(개)이고, 화요일에 먹은 사탕 수는 토요일에 먹은 사탕 수의 2배이므로 4×2=8(개)입니다.
따라서 한별이가 일주일 동안 먹은 사탕은 모두
6+3+8+5+4+2+4=32(개)입니다.

2-2 좋아하는 계절별 학생 수가 가장 많은 봄이 ○ **4**개로 가장 많이 그려집니다.

2-3 좋아하는 계절별 학생 수

4	○			
3	○			○
2	○	○		○
1	○	○	○	○
학생 수(명) \ 계절	봄	여름	가을	겨울

2-4 ○가 가장 많은 것부터 차례대로 씁니다.

2-5 한별이를 제외한 나머지 친구들이 읽은 동화책 수는 $4+2+2+3=11$(권)이므로 한별이는 $16-11=5$(권) 읽었습니다.

2-6 학생별 읽은 동화책 수

5			×		
4	×		×		
3	×		×		×
2	×	×	×	×	×
1	×	×	×	×	×
책 수(권) \ 이름	영수	가영	한별	지혜	웅이

2-7 그래프에서 ×의 수가 같은 학생은 가영이와 지혜입니다.

2-8 그래프에서 ×가 가장 많은 사람은 한별이고 **5**권을 읽었습니다.

2-9 좋아하는 우유별 학생 수

6				○
5	○			○
4	○		○	○
3	○			○
2	○	○	○	○
1	○	○	○	○
학생 수(명) \ 우유	딸기	커피	초콜릿	바나나

3-1 좋아하는 간식별 학생 수

간식	떡볶이	김밥	튀김	어묵	합계
학생 수(명)	4	2	2	1	9

좋아하는 간식별 학생 수

어묵	○			
튀김	○	○		
김밥	○	○		
떡볶이	○	○	○	○
간식 \ 학생 수(명)	1	2	3	4

표로 나타낼 때, 두 번 세거나 빠뜨리지 않도록 표시하면서 세어 봅니다.

3-2 (튀김을 좋아하는 학생 수)−(어묵을 좋아하는 학생 수) $=2-1=1$(명)

3-3 떡볶이를 좋아하는 학생 수가 가장 많으므로 떡볶이를 가장 많이 준비하는 것이 좋습니다.

3-5 표에서 모두 **6**회까지 있으므로 **6**번씩 던졌습니다.

3-6 학생별로 ○의 개수를 세어 봅니다.

3-7 학생별 걸린 고리 수

4			/
3	/		/
2	/	/	/
1	/	/	/
걸린 고리 수(개) \ 이름	지혜	효근	동민

3-8 /가 가장 많은 사람은 동민입니다.

3-9 $3+2=5$(개)

3-10 학생별 가지고 있는 구슬 수

7		○			
6		○			
5		○		○	
4	○	○		○	
3	○	○	○	○	
2	○	○	○	○	○
1	○	○	○	○	○
구슬 수(개) \ 이름	한솔	웅이	지혜	가영	석기

지혜를 제외한 나머지 학생들의 구슬 수의 합은 $4+7+5+2=18$(개)이므로 지혜가 가지고 있는 구슬 수는 $21-18=3$(개)입니다.

3-11 구슬을 가장 많이 가지고 있는 학생은 웅이이고, 가장 적게 가지고 있는 학생은 석기입니다.
➡ $7-2=5$(개)

3-12 한솔이보다 ○의 개수가 더 많은 학생은 웅이와 가영입니다.

4단계 실력 팍팍

141~142쪽

1 10	**2** 10, 9, 4, 8, 31
3 풀이 참조	**4** 4, 7, 3, 풀이 참조
5 그래프	**6** 8
7 풀이 참조	**8** 공부하기
9 5, 5	**10** 풀이 참조
11 과학관	

1 자료에서 맑은 날을 세어 봅니다.

2 (합계)=$10+9+4+8=31$(일)

3

12월의 날씨별 날 수

날수(일)\날씨	맑은 날	흐린 날	비 온 날	눈 온 날
10	○			
9	○	○		
8	○	○		○
7	○	○		○
6	○	○		○
5	○	○		○
4	○	○	○	○
3	○	○	○	○
2	○	○	○	○
1	○	○	○	○

4

가장 좋아하는 놀이 시설별 학생 수

학생 수(명)\놀이시설	그네	시소	미끄럼틀	정글짐
7			○	
6	○		○	
5	○		○	
4	○	○	○	
3	○	○	○	○
2	○	○	○	○
1	○	○	○	○

5 표는 조사한 종류별 학생 수와 전체 학생 수가 몇 명인지 알아보기 편리하고, 그래프는 조사한 종류별 개수의 많고 적음을 한눈에 알아보기 편리합니다.

6 세종대왕을 제외한 나머지 위인들을 존경하는 학생 수의 합은 $5+6+3=14$(명)이므로 세종대왕을 존경하는 학생 수는 $22-14=8$(명)입니다.

7

하루 동안 영수가 한 일별 시간

시간\한 일	식사하기	TV보기	독서하기	공부하기	잠자기	휴식
8						
7						
6						
5						
4						
3						
2						
1						

표를 보고 영수가 한 일별 시간만큼 아래에서 위로 한 시간에 한 칸씩 색칠합니다.

9 (민속촌에 가고 싶어 하는 학생 수)=$4+1=5$(명),
박람회를 제외한 나머지 장소를 가고 싶어 하는 학생 수의 합은 $9+4+5=18$(명)이므로 박람회에 가고 싶어 하는 학생 수는 $23-18=5$(명)입니다.

10

가고 싶어 하는 장소별 학생 수

학생 수(명)\장소	박람회	과학관	박물관	민속촌
9		○		
8		○		
7		○		
6		○		
5	○	○		○
4	○	○	○	○
3	○	○	○	○
2	○	○	○	○
1	○	○	○	○

11 과학관에 가고 싶어 하는 학생 수가 가장 많으므로 과학관으로 가는 것이 좋습니다.

서술 유형 익히기   143~144쪽

유형 1

4 / 9, 18, 18, 4, 앵무새 / 앵무새

예제 1

5 / 풀이 참조, 파란색

유형 2

11, 8, 16, 7, 동물원 / 동물원

예제 2

풀이 참조, 고양이

1 노란색을 제외한 나머지 색을 좋아하는 학생 수의 합은 6+8+4=18(명)이므로 노란색을 좋아하는 학생 수는 23−18=5(명)입니다. −①
따라서 가장 많은 학생이 좋아하는 색은 파란색입니다. −②

평가기준	배점
① 노란색을 좋아하는 학생 수를 구한 경우	2점
② 가장 많은 학생이 좋아하는 색을 구한 경우	2점
③ 답을 구한 경우	1점

2 지혜네 반과 예슬이네 반 학생들이 키우고 싶어 하는 애완동물별 학생 수를 구해 보면 강아지는 4+5=9(명), 고양이는 5+8=13(명), 햄스터는 4+6=10(명), 토끼는 7+2=9(명)입니다. −①
따라서 두 반이 함께 애완동물을 키운다면 가장 많은 학생이 키우고 싶어 하는 고양이를 키우는 것이 좋을 것 같습니다. −②

평가기준	배점
① 두 반 학생들이 키우고 싶어 하는 애완동물별 학생 수를 바르게 구한 경우	2점
② 어느 동물을 키우는 것이 좋을지 바르게 구한 경우	2점
③ 답을 구한 경우	1점

놀이 수학   145쪽

1   0, 4, 6, 6, 16 / 16
2   0, 3, 2, 12, 17 / 17
3   웅이

3 16<17이므로 놀이에서 이긴 사람은 웅이입니다.

단원 평가   146~149쪽

1 무당벌레	**2** 용희, 해은
3 2, 1, 5, 4, 12	**4** 표
5 24	**6** 3
7 풀이 참조	**8** 월요일, 토요일
9 8, 4, 3, 5, 20	**10** 풀이 참조
11 감, 귤, 배, 사과	**12** 5
13 20	**14** 석기
15 풀이 참조	**16** 연예인
17 4, 2, 3, 6, 15	**18** 10
19 19	**20** 한별
21 60	**22** 풀이 참조
23 풀이 참조, 12	**24** 풀이 참조, 수영
25 풀이 참조, 리코더	

1 위의 자료에서 가영이를 찾으면 좋아하는 곤충은 무당벌레입니다.

2 개미 그림이 있는 학생을 모두 찾으면 용희와 해은입니다.

3 두 번 세거나 빠뜨리지 않도록 표시하면서 세어 봅니다.

4 조사한 자료는 누가 어느 곤충을 좋아하는지 알 수 있고, 표는 좋아하는 곤충별 학생 수를 쉽게 알 수 있습니다.

5 (일주일 동안 푼 문제집의 쪽수)
＝3＋6＋4＋5＋3＋2＋1＝24(쪽)

6 일요일에 3쪽을 풀었으므로 ○를 3칸까지 그려야 합니다.

7 일주일 동안 푼 문제집 쪽수

쪽수(쪽) \ 요일	일	월	화	수	목	금	토
6		○					
5		○		○			
4		○		○			
3	○	○	○	○	○		
2	○	○	○	○	○	○	
1	○	○	○	○	○	○	○

8 푼 문제집의 쪽수가 가장 많은 날은 6쪽인 월요일이고, 가장 적은 날은 1쪽인 토요일입니다.

9 종류별로 남은 과일 수를 세어 보면 감 8개, 배 4개, 사과 3개, 귤 5개이므로 모두 8＋4＋3＋5＝20(개)입니다.

10 종류별 남은 과일 수

개수(개) \ 과일	1	2	3	4	5	6	7	8
감	×	×	×	×	×	×	×	×
배	×	×	×	×				
사과	×	×	×					
귤	×	×	×	×	×			

11 ×의 수가 많으면 많이 남은 과일입니다.
따라서 ×의 수가 가장 많은 과일부터 차례대로 쓰면 감, 귤, 배, 사과입니다.

12 비 온 날이 가장 많은 달은 6월로 7일이고, 비 온 날이 가장 적은 달은 3월로 2일입니다.
➡ 7－2＝5(일)

13 2＋6＋5＋7＝20(일)

14 4월에 비 온 날수는 6일이고, 3월에 비 온 날수는 2일이므로 4월에 비 온 날수는 3월에 비 온 날수의 3배입니다.

15 장래 희망별 학생 수

학생 수(명) \ 장래 희망	과학자	경찰	선생님	연예인
6				○
5				○
4	○			○
3	○		○	○
2	○	○	○	○
1	○	○	○	○

선생님을 제외한 나머지 장래 희망별 학생 수의 합은 4＋2＋6＝12(명)이므로 장래 희망이 선생님인 학생 수는 15－12＝3(명)입니다.
따라서 장래 희망이 선생님인 학생 수가 3명이므로 ○를 3개 그립니다.

16 가장 많은 학생의 장래 희망은 6명인 연예인입니다.

17 과학자 : ○가 4개 ➡ 4명, 경찰 : ○가 2개 ➡ 2명,
선생님 : ○가 3개 ➡ 3명, 연예인 : ○가 6개 ➡ 6명,
합계 : 4＋2＋3＋6＝15(명)

18 ・동민 : 2＋5＋3＝10(번)
・가영 : 4＋2＋4＝10(번)
・한별 : 5＋1＋4＝10(번)

19 동민이는 3점짜리를 2번, 2점짜리를 5번, 1점짜리를 3번 맞혔습니다. 따라서 동민이가 얻은 점수는 6＋10＋3＝19(점)입니다.

20 ・동민 : 6＋10＋3＝19(점)

・가영 : 12＋4＋4＝20(점)
・한별 : 15＋2＋4＝21(점)
따라서 얻은 점수가 가장 높은 사람은 한별입니다.

21 (세 사람의 점수의 합)＝19＋20＋21＝60(점)

서술형

22 예 그래프는 조사한 자료 중 가장 많은 것과 가장 적은 것을 한눈에 알아볼 수 있어 편리합니다. ─①

평가기준	배점
① 그래프의 편리한 점을 바르게 설명한 경우	5점

23 **풀이1** 지각을 한 번이라도 한 학생은 지각 횟수가 1번, 2번, 3번, 4번 한 학생이므로
6+3+2+1=12(명)입니다.

풀이2 전체 학생 수에서 지각을 한 번도 하지 않은 학생 수를 빼서 구합니다. 따라서 21-9=12(명)입니다. ─①

평가기준	배점
① 식을 세우고 지각을 한 번이라도 한 학생 수를 구한 경우	3점
③ 답을 구한 경우	2점

24 줄넘기를 제외한 나머지 취미별 학생 수의 합은
5+6+8=19(명)이므로 줄넘기가 취미인 학생 수는 22-19=3(명)입니다. ─①
따라서 가장 많은 학생의 취미는 수영입니다. ─②

평가기준	배점
① 취미가 줄넘기인 학생 수를 구한 경우	2점
② 가장 많은 학생의 취미를 구한 경우	2점
③ 답을 구한 경우	1점

25 리코더를 제외한 나머지 가장 좋아하는 악기별 여학생 수의 합은 2+1+3=6(명)이므로 리코더를 좋아하는 여학생은 10-6=4(명)입니다. ─①
따라서 가장 많은 여학생이 좋아하는 악기는 리코더입니다. ─②

평가기준	배점
① 리코더를 좋아하는 학생 수를 구한 경우	2점
② 가장 많은 여학생이 좋아하는 악기를 구한 경우	2점
③ 답을 구한 경우	1점

🔵 탐구 수학 150쪽

1 풀이 참조

1 예 표를 보면 빨간색 구슬은 14+12+12=38(개),
파란색 구슬은 10+6+14=30(개),
노란색 구슬은 4+8+4=16(개)이므로
빨간색 구슬이 가장 많습니다.
따라서 전체 상자에도 빨간색 구슬이 가장 많이 들어 있을 것으로 생각할 수 있습니다.

🏠 생활 속의 수학 151~152쪽

• 표 : 각 종류별 수와 전체 수를 쉽게 알 수 있습니다.
• 그래프 : 조사한 내용을 한눈에 비교하기 편리합니다.

1단계 개념 탄탄 154쪽

1 (1) 예 ▲, ●, ■가 반복되는 규칙입니다.
　　(2) 풀이 참조
2 풀이 참조

1 (2)
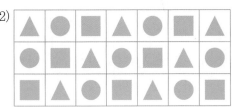

2
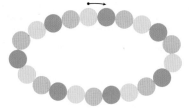

주황색으로 색칠되어 있는 부분이 시계 반대 방향으로 돌아가고 있습니다.

2단계 핵심 쏙쏙 155쪽

1 풀이 참조	**2** 풀이 참조
3 풀이 참조	**4** 귤
5 풀이 참조	**6** 풀이 참조
7 풀이 참조	

1

노란색, 초록색, 주황색 구슬이 반복되는 규칙입니다.

2

빨간색, 초록색, 노란색이 반복되는 규칙입니다.

3

마주 보는 곳이 서로 교대로 색칠되는 규칙이 있습니다.

4 , , 이 반복되는 규칙입니다.

5
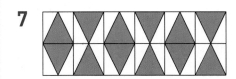

6

예 , , 가 반복되는 규칙입니다.

7

1단계 개념 탄탄 156쪽

1 (1) **3**	(2) **6**
(3) **10**	(4) **10**

1 (3) ·1층 : 1개
　　·2층 : 1+2=3(개)
　　·3층 : 1+2+3=6(개)
　　·4층 : 1+2+3+4=10(개)
　　(4)
 → → →

2단계 핵심 쏙쏙   157쪽

1 ②

2 ③

3 10

4 풀이 참조

5 13

6 16

7 15

3

4 ⑳ **3**개씩 늘어나는 규칙으로 쌓았습니다.

5 4   7   10   13 ➡ 13개

     +3   +3   +3

6 13+3=16(개)

7 5층 : 1+2+3+4+5=15(개)

1단계 개념 탄탄   158쪽

1 (1) 1

(2) ⑳ 1씩 커지는 규칙이 있습니다.

(3) 9, 13

2단계 핵심 쏙쏙   159쪽

1 풀이 참조

2 ⑳ 2부터 2씩 커지는 규칙이 있습니다.

3 ⑳ 4부터 2씩 커지는 규칙이 있습니다.

4 ⑳ 2부터 4씩 커지는 규칙이 있습니다.

5 14, 16   **6** 9, 10, 11, 12

7 13, 14, 15, 15, 17

1

+	1	3	5	7	9
1	2	4	6	8	10
3	4	6	8	10	12
5	6	8	10	12	14
7	8	10	12	14	16
9	10	12	14	16	18

5

12	13	14
	14	15
		16

오른쪽으로 갈수록 1씩 커지고, 아래쪽으로 내려갈수록 1씩 커지는 규칙입니다.

6

8	9	10	11
9	10	11	12
		12	

7

13	14	15	16
14	15	16	
15		17	

1단계 개념 탄탄   160쪽

1 (1) ⑳ 4부터 4씩 커지는 규칙이 있습니다

(2) 풀이 참조

(3) 만나는 수들이 서로 같습니다.

1 (2)

×	1	2	3	4	5
1	1	2	3	4	5
2	2	4	6	8	10
3	3	6	9	12	15
4	4	8	12	16	20
5	5	10	15	20	25

2단계 핵심 쏙쏙 — 161쪽

1 16, 42   **2** 풀이 참조

3 풀이 참조   **4** 30, 30

5 15, 25   **6** 42, 56, 72

2

×	1	3	5	7	9
1	1	3	5	7	9
3	3	9	15	21	27
5	5	15	25	35	45
7	7	21	35	49	63
9	9	27	45	63	81

3 예 1. 곱셈표에 있는 수들은 모두 홀수입니다.
　　예 2. 1에서 81까지 직선을 그어 접으면 만나는 수들은 서로 같습니다.

4
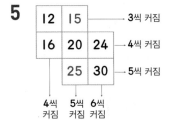

5

6

1단계 개념 탄탄 — 162쪽

1 (1) 풀이 참조   (2) **7**
　　(3) **8**   (4) **6**

1 (1)

	4월					
일	월	화	수	목	금	토
	1	2	3	4	5	6
⑦	8	9	10	11	12	13
⑭	15	16	17	18	19	20
㉑	22	23	24	25	26	27
㉘	29	30				

2단계 핵심 쏙쏙 — 163쪽

1 예 2부터 7씩 커지는 규칙이 있습니다.

2 예 4부터 6씩 커지는 규칙이 있습니다.

3 예 6부터 8씩 커지는 규칙이 있습니다.

4 풀이 참조   **5** 나, 넷

6 35   **7** 풀이 참조

4 예 1. 위아래로 3씩 차이가 납니다.
　　예 2. ＼ 방향으로 2씩, ／ 방향으로 4씩 커집니다.

5, 6

무대					
	첫째	둘째	셋째	넷째	다섯째 ……
가열	1	2	3	4	5　6
나열	11	12	13	14	15　16
다열	21	22	23	24	25　26
⋮	31	32	33	34	35　36

7 예 신호등은 초록색 → 노란색 → 빨간색 → 초록색 → 노란색 → 빨간색 → ……의 순서로 등의 색깔이 바뀌는 규칙이 있습니다.

6. 규칙 찾기 ◆ **43**

3단계 유형 콕콕

164~168쪽

1-1 예 △, ♥, ○ 가 반복되는 규칙입니다.

1-2 풀이 참조   **1-3** ■, 풀이 참조

1-4 ■, 풀이 참조

1-5 (1) △   (2) 표

1-6 웅이   **1-7** ⊕

1-8 ▽ ▽   **2-1** 쌓기나무 그림

2-2 예 쌓기나무를 1개, 2개로 반복하여 쌓은 규칙입니다.

2-3 예 한 층씩 올라갈수록 쌓기나무가 2개씩 적어지는 규칙입니다.

2-4 9   **3-1** 2

3-2 8, 14   **3-3** 풀이 참조

3-4 1씩 커지는 규칙이 있습니다.

3-5 8이 모두 적혀 있는 규칙이 있습니다.

3-6 0부터 2씩 커지는 규칙이 있습니다.

3-7 풀이 참조   **3-8** 풀이 참조

3-9 풀이 참조

4-1 32, 36, 48, 32, 48, 64

4-2 예 8부터 8씩 커지는 규칙이 있습니다.

4-3 풀이 참조   **4-4** 9, 25, 49, 81

4-5 64, 56, 24   **5-1** 풀이 참조

5-2 19   **5-3** 28

1-2

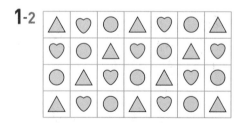

1-3 ■ △ ○ ■ △ ○ ■

규칙 예 ■, △, ● 가 반복되는 규칙입니다.

1-4 ○ ● ▲ ■ ● ● ▲ ■

규칙 예 ○, ○, △, □가 반복되고, 노란색, 파란색, 빨간색이 반복되는 규칙입니다.

1-5 (1) △ △ △ △ △

시계 반대 방향으로 색칠되는 칸을 한 칸씩 옮기는 규칙입니다.

(2) 표 표 표 표 표

시계 방향으로 색칠되는 칸을 한 칸씩 옮기는 규칙입니다.

1-7 ⊕, ⊕가 반복되는 규칙입니다.

1-8 ▽, ▽, ▽ 이 반복되는 규칙입니다.

3-3

+	0	1	2	3	4	5	6
0	0	1	2	3	4	5	6
1	1	2	3	4	5	6	7
2	2	3	4	5	6	7	8
3	3	4	5	6	7	8	9
4	4	5	6	7	8	9	10
5	5	6	7	8	9	10	11
6	6	7	8	9	10	11	12

3-7·3-8

+	3	5	7	9	11
3	6	8	10	12	14
5	8	10	12	14	16
7	10	12	14	16	18
9	12	14	16	18	20
11	14	16	18	20	22

3-9

+	1	2	3	4	5
1	2	3	4	5	6
2	3	4	5	6	7
3	4	5	6	7	8
4	5	6	7	8	9
5	6	7	8	9	10

4-3

×	2	4	6	8
2	4	8	12	16
4	~~8~~	~~16~~	~~24~~	~~32~~→
6	12	24	36	48
8	16	32	48	64

4-4

×	3	5	7	9
3	9	15	21	27
5	15	25	35	45
7	21	35	49	63
9	27	45	63	81

4-5

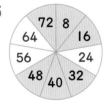

8단 곱셈구구를 이용하여 곱을 차례대로 구한 것입니다.

5-1 예 **9**부터 **4**씩 작아지는 규칙이 있습니다. 또는 **1**부터 **4**씩 커지는 규칙이 있습니다.

5-2 첫째 주 금요일이 **5**일이므로 다음과 같습니다.
둘째 주 금요일 : **5**+**7**=**12**(일)
셋째 주 금요일 : **12**+**7**=**19**(일)

5-3

㉿ 1 2 3 4 5 6
12 11 10 9 8 7
13 14 15 16 17 18
24 23 22 21 20 19
25 26 27 ㉿ 29 30

ㄹ 모양으로 **1**씩 커지는 규칙입니다.

4단계 **실력 팍팍**

169~170쪽

1 딸기	**2** 풀이 참조
3 ▲	**4** 풀이 참조
5 21	**6** 16
7 풀이 참조	**8** 풀이 참조
9 45	**10** 34
11 금요일	**12** 

1 딸기와 참외가 **1**개씩 늘어나면서 번갈아 가며 놓이는 규칙입니다.

2

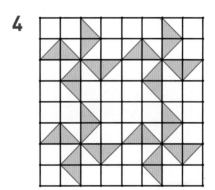

시계 반대 방향으로 색칠되는 칸을 두 칸씩 옮기는 규칙입니다.

3 ◨, ◨, ▲ 가 반복되는 규칙입니다.

4

5 **1**+**2**+**3**+**4**+**5**+**6**=**21**(개)

6 **4**층 : **1**+**3**+**5**+**7**=**16**(개)

7

+	5	7	9	11	13
5	10	12	14	16	18
7	12	14	16	18	20
9	14	16	18	20	22
11	16	18	20	22	24
13	18	20	22	24	26

⑩ **10**부터 ↘ 방향으로 **4**씩 커지는 규칙이 있습니다.

8

+	0	2	6	8
0	0	2	6	8
4	4	6	10	12
6	6	8	12	14
8	8	10	14	16

9 → 위에 있는 수들은 $3 \times 1 = 3$, $3 \times 2 = 6$,
$3 \times 3 = 9$, $3 \times 4 = 12$, $3 \times 5 = 15$입니다.
➡ $3 + 6 + 9 + 12 + 15 = 45$

10 **1**부터 ㄹ 모양으로 한 칸씩 이동할 때마다 **1**씩 커지는
규칙이 있습니다.

11 **10**월의 마지막 날은 **31**일이고 **7**일마다 같은 요일이
반복됩니다. 따라서 $31 - 7 - 7 - 7 - 7 = 3$(일)과
같은 금요일입니다.

12

1시간 **30**분씩 늘어나는 규칙입니다.

---

1 **1**개 **5**개 **9**개 …… – ①
      +4   +4
쌓기나무가 **4**개씩 늘어나는 규칙이므로 넷째 모양에
쌓을 쌓기나무는 $9 + 4 = 13$(개)입니다. – ②

평가기준	배점
① 쌓기나무가 몇 개씩 늘어나는지 구한 경우	2점
② 넷째 모양에 쌓을 쌓기나무는 모두 몇 개인지 구한 경우	2점
③ 답을 구한 경우	1점

2 **12**월은 **31**일까지 있고, 첫째 주 화요일이 **2**일이므로
둘째 주 화요일은 **9**일, 셋째 주 화요일은 **16**일, 넷째
주 화요일은 **23**일, 다섯째 주 화요일은 **30**일입니
다. – ①
따라서 이번 달의 화요일은 모두 **5**번입니다. – ②

평가기준	배점
① 이번 달의 화요일인 날짜를 모두 구한 경우	2점
② 이번 달의 화요일은 모두 몇 번 있는지 바르게 구한 경우	2점
③ 답을 구한 경우	1점

📝 서술 유형 익히기　171~172쪽

유형 1
2, 2, 2, 7 / 7

예제 1
풀이 참조, 13

유형 2
10, 17, 24, 4 / 4

예제 2
풀이 참조, 5

🔢 놀이 수학　173쪽

1 풀이 참조	**2** 풀이 참조

1 ⑩ 흰 바둑돌과 검은 바둑돌이 반복되고, 검은 바둑돌
의 수가 **1**개씩 많아지는 규칙이 있습니다.

2 ⑩ 검은 바둑돌과 흰 바둑돌이 반복되고, 한 층씩 내려
갈수록 바둑돌의 수는 **1**개씩 많아지는 규칙이 있습
니다.

단원 평가

1 ( )(○) **2** ◼

3 (빗금 친 정사각형) **4** ▲

5 3 **6** 13

7 ⑩ 1씩 커지는 규칙이 있습니다.

8 7 **9** 10

10 가영 **11** 풀이 참조

12 ⑩ 15부터 5씩 커지는 규칙이 있습니다.

13 풀이 참조 **14** 20

15 풀이 참조

16 ⑩ 48부터 8씩 커지는 규칙이 있습니다.

17 풀이 참조 **18** 20

19 24 **20** 10시, 10시 30분

21 풀이 참조 **22** 풀이 참조, ◼

23 풀이 참조 **24** 풀이 참조

25 풀이 참조, 33

1 ♣와 ♥가 1개씩 늘어나면서 번갈아 가며 놓이는 규칙입니다.

2 ▲, ◼, ◼, ●가 반복되는 규칙이 있습니다.

3 시계 방향으로 색칠되는 칸을 두 칸씩 옮기는 규칙입니다.

4 ▲, ◼, ●, ★이 반복되는 규칙이 있습니다.
또, ＼ 방향으로 같은 모양이 놓여 있습니다.

5 1개 4개 7개
     +3   +3

6 쌓기나무가 3개씩 늘어나는 규칙이므로 다섯째 모양을 쌓기 위해 필요한 쌓기나무는 모두
1+3+3+3+3=13(개)입니다.

8 덧셈표에서 오른쪽으로 한 칸씩 갈 때마다 1씩, 아래쪽으로 한 칸씩 갈 때마다 1씩 커지는 규칙이 있습니다.

10 ＼ 위에 있는 수들은 2씩 커집니다.

11

+	5	6	7	8
5	10	11	12	13
6	11	12	13	14
7	12	13	14	15
8	13	14	15	16

⑩ 10부터 2씩 커지는 규칙이 있습니다.

13

×	3	4	5	6
3	9	12	15	18
4	12	16	㉠	24
5	15	20	25	30
6	18	24	30	36

14 ㉠ 4×5=20

15, 17

×	6	7	8	9
6	36	42	48	54
7	42	49	56	63
8	48	56	64	72
9	54	63	72	81

7씩 커지는 규칙이므로 가로줄의 7단 곱셈구구의 결과에 색칠합니다.

18

1	5	9	13	17	21
2	6	10	14	18	22
3	7	11	15	19	23
4	8	12	16	㉠	24

4부터 4씩 커지는 규칙을 이용하여 구할 수 있습니다.
4-8-12-16-20에서 ㉠은 20입니다.

19 첫째 주 목요일은 3일이고 7일마다 같은 요일이 반복되므로 넷째 주 목요일은 3+7+7+7=24(일)입니다.

21 ⑩ 1. → 방향으로 30분 차이가 납니다.
      ⑩ 2. ↓ 방향으로 1시간 차이가 납니다.

22 ■와 ▲가 번갈아 가면서 **1**개, **2**개, **3**개, ……씩 놓이는 규칙입니다. ─①

평가기준	배점
① 규칙을 설명한 경우	2점
② 답을 구한 경우	2점

23 예

▲	●	■	▲	●
■	▲	●	■	▲
●	■	▲	●	■

─①

▲, ●, ■가 반복되는 규칙을 만들어 무늬를 만들었습니다. ─②

평가기준	배점
① 규칙을 정하여 무늬를 만든 경우	2점
② 무늬를 만든 규칙을 바르게 설명한 경우	3점

24 예

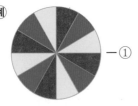

─①

예 빨간색, 파란색, 노란색이 반복되는 규칙으로 무늬를 만들었습니다. ─②

평가기준	배점
① 규칙을 정하여 무늬를 만든 경우	2점
② 무늬를 만든 규칙을 바르게 설명한 경우	3점

25 오른쪽으로 한 칸씩 갈 때마다 **1**씩 커지고 아래쪽으로 한 칸씩 내려갈 때마다 **7**씩 커집니다. ─①
따라서 ㉠은 **5**+**7**+**7**+**7**+**7**=**33**입니다. ─②

평가기준	배점
① 규칙을 설명한 경우	2점
② 규칙에 따라 ㉠에 알맞은 수를 구한 경우	2점
③ 답을 구한 경우	1점

1 풀이 참조	**2** 풀이 참조

1 예

2 예 색종이로 만든 모양을 오른쪽 방향으로 돌려가며 **4**개를 붙이고, 같은 방법으로 나머지 무늬도 만들었습니다.

예 서로 다른 **2**개의 타일을 번갈아 가며 늘어놓은 규칙입니다.

정답과
풀이